U0169982

中国科学院科普专项资助

赵 旸 辜 萍 著

模仿生命奇迹

IMITATE THE MIRACLE OF LIFE

中国科学技术大学出版社

内容简介

仿生学是一门生物学、工程科学等学科相互渗透、结合而成的新兴科学。仿生学研究生物体的结构、功能和工作原理，并将研究成果应用于工程实践中。高效、低耗、绿色的仿生理念正成为促进人类经济发展和社会进步的有效模式。本书深入浅出地介绍仿生学在微纳米材料和结构上的基本原理及其典型应用，包括黏附仿生、力学仿生、光学仿生和界面仿生等，具有系统性、前沿性、创新性和趣味性。

本书适合青少年阅读。

图书在版编目（CIP）数据

模仿生命奇迹/赵旸，辜萍著.—合肥：中国科学技术大学出版社，2023.9

ISBN 978-7-312-05747-2

Ⅰ.模…　Ⅱ.①赵…　②辜…　Ⅲ.仿生—青少年读物　Ⅳ.Q 811-49

中国国家版本馆CIP数据核字(2023)第160770号

模仿生命奇迹

MOFANG SHENGMING QIJI

出版　中国科学技术大学出版社
安徽省合肥市金寨路96号，230026
http://press.ustc.edu.cn
https://zgkxjsdxcbs.tmall.com

印刷　合肥宏基印刷有限公司

发行　中国科学技术大学出版社

开本　880 mm×1230 mm　1/32

印张　3

字数　76千

版次　2023年9月第1版

印次　2023年9月第1次印刷

定价　40.00元

前言

在神奇瑰丽、变幻莫测的大自然中，飞禽走兽、花草树木等经过漫长的进化过程练就了令人叹为观止的本领。科学家和工程师密切合作，不断将生物的生存妙招应用到科技发明中，这就是仿生学。

据传，我国古代的著名工匠鲁班，曾被路边的丝茅草割破手指。他仔细观察，发现叶子边缘有许多锋利的小细齿，很容易划破皮肤。由此，鲁班发明了锯子。“鹰击长空，鱼翔浅底。”近代，人类还从动物的本领中获得启发，发明了飞机和潜艇……

物质由原子构成。原子的直径约为一百亿分之一米，是无法用肉眼直接观察的；由100个左右的原子堆叠而成的结构就是纳米尺度（1米=1 000 000 000纳米），比如生物体内的蛋白质和脂肪；比纳米尺度更大的结构我们可以称为微观结构；再往上就到了宏观尺度，即肉眼可见的尺度（图0.1）。不同尺度上的结构调控都会对物质的性能产生影响。例如，同是由碳原子构成的金刚石和石墨，由于碳原子的排列方式不同，前者坚硬无比，后者却润滑至极；同是碳酸钙和有机质组成的复合体，由于微观结构不同，贝壳珍珠层的强度要比人造普通复合材料大几个数量级。

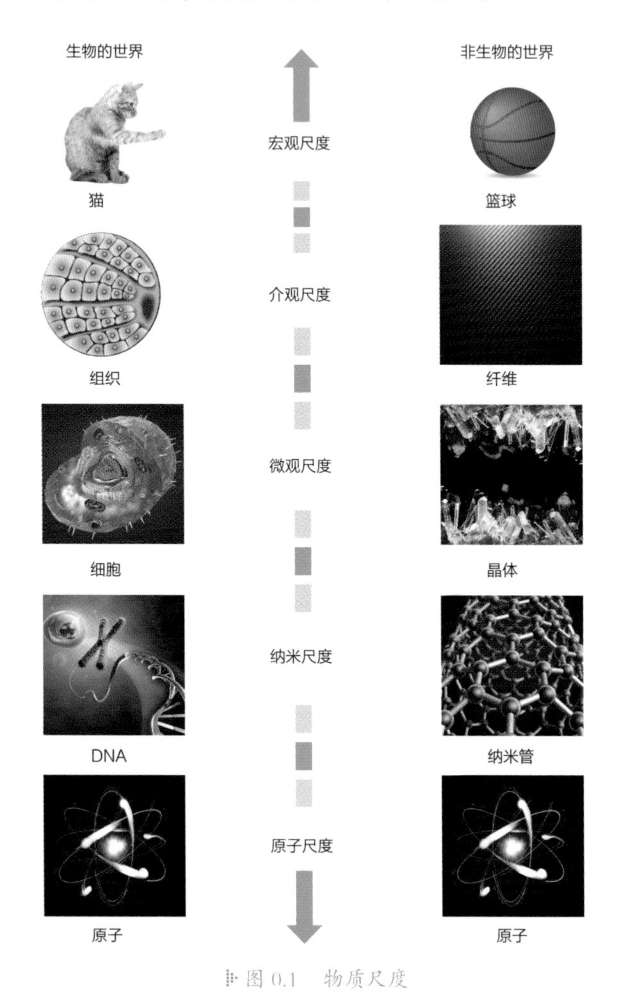

图 0.1　物质尺度

面对诸多科学难题，科学家们通过对不同尺度的物质结构进行剖析，以期揭秘决定生物本领的关键性结构，并将其应用于新型材料与结构的设计和制造中，以造福人类。

近年来，仿生科技快速发展，从植物到动物，自然界的生物为科技进步提供了源源不断的灵感。接下来，我们将带领大家一同进入既有趣又有用的仿生学世界，去见识生物的本领及其背后的奥秘！

目录

第 1 讲

攀岩走壁的大壁虎——黏附仿生

图 1.1　攀爬的大壁虎

大壁虎俗称蛤蚧，又称仙蟾，与常见的家壁虎略有不同，它们身上有色彩丰富的斑纹，体形也相对较大（图 1.1）。

大壁虎可以断尾求生。在遭到敌人攻击时，大壁虎会主动断掉自己的尾巴，以吸引敌人，从而顺利逃脱。断掉的尾巴也会在一段时间内重新长出来，这是不是很神奇呢？

大壁虎的神奇之处不止于此，它们常栖息在悬岩峭壁的石缝中或洞穴里，最了不起的绝技是攀岩走壁。许多人对大壁虎的攀爬能力感到惊讶，连亚里士多德都曾苦苦思索：这样一只不起眼的小动物为什么可以在陡壁上快速爬行，甚至还能倒吊在屋顶上攀爬呢？

除了大壁虎以外，自然界中很多体积更小的生物也能够在各种表面上自由攀爬。比如，大家经常在花园里看到的七星瓢虫（图 1.2）。它们体色鲜艳，体形较小，能够在不同植物的枝叶、墙面这样的竖直表面，甚至在叶片反面或天花板那样的倒立表面上快速自由地行走和捕食，帮助人类消灭蚜虫。

不论是体形相对较大的大壁虎，还是小小的七星瓢虫，它们能够攀岩走壁的秘密都藏在脚爪上。这小小的脚爪虽然看起来很简单，但却蕴含着奇妙的物理知识。下面我们就一起来看一看大壁虎和七星瓢虫的脚爪到底长什么样吧！

图 1.2　攀爬的七星瓢虫

1 大壁虎的秘密

人们通过观察发现，大壁虎在物体表面行走时，爪底和物体表面间仿佛有万能胶，能够让大壁虎在陡壁上快速移动且不会滑落。在爬行的时候，它会先翘起脚趾头。这时，强大的黏附力会瞬间消失。接着它迅速抬起爪子，拍向下一个地方，同时身体也跟着快速移动（图 1.3）。这样一来，即便在竖直的光滑玻璃上也如履平地。多么神奇的黏附力：不仅黏性大小合适，还不留痕迹。壁虎从不需要清洗爪子，就能够持续不断地黏向下一个地方！

图 1.3 大壁虎脚爪上的微细结构

这种神奇的黏附力究竟隐藏着怎样的秘密呢？爱好摄影的科学家 Autumn 对大壁虎非常着迷。他触摸大壁虎的脚爪时，发现它的脚爪是软软的、柔柔的，丝毫没有黏黏的感觉。他把大壁虎的脚爪放在显微镜下，通过显微镜放大、再放大……最后用扫描电子显微镜放大 5 万倍，终于发现了大壁虎脚爪的秘密。

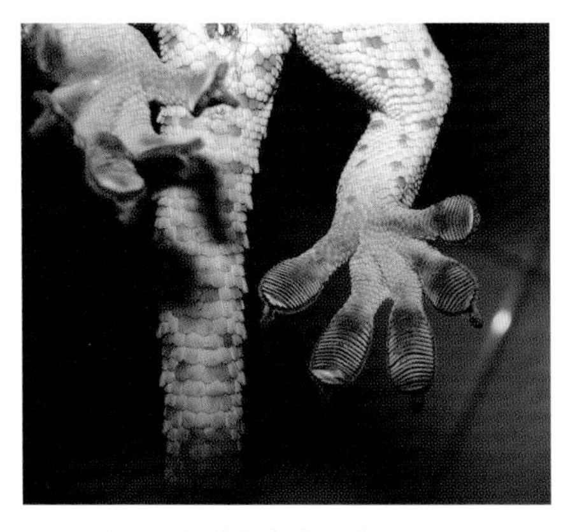

图 1.4　大壁虎脚爪上的一层层褶皱

图片来源：中国科学院王晓杰研究组。

在光学显微镜下观察壁虎爪的趾头，可以看到一道道趾纹。与人类指纹不同的是，大壁虎的趾纹有一层又一层的褶皱（图 1.4）。

进一步在电子扫描显微镜下观察，科学家们发现这些褶皱的边缘有一丛丛毛发。这些毛发被称为刚毛，其直径为 2~3 微米（1 米 = 1 000 000 微米），不到我们头发丝直径的十分之一（图 1.5 和图 1.6）。

图 1.5　大壁虎脚爪上的刚毛

图片来源：中国科学院王晓杰研究组。

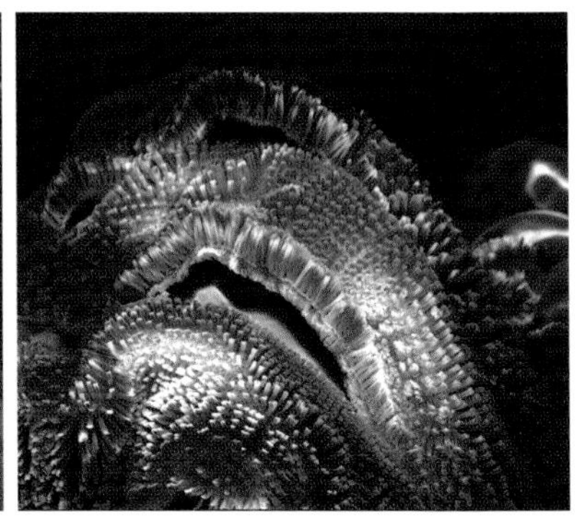

图 1.6　刚毛结构

图片来源：中国科学院王晓杰研究组。

如果继续放大，还可以看到一丛丛刚毛在顶部分叉。一根刚毛会分成几十根甚至上百根细毛。每根细毛的直径约为 200 纳米。与我们的头发丝不一样的是，这些细毛的顶端状如汤勺（图 1.7）。

大壁虎的脚爪的表面结构如此复杂，那么其能够黏附的原理究竟是什么呢？有人猜测，是真空吸附、电磁吸附或毛细吸附等。但是，经过理论分析与实验验证，科学家们发现并不是以上这些原因，而是源自范德华作用。那么什么是范德华作用呢？

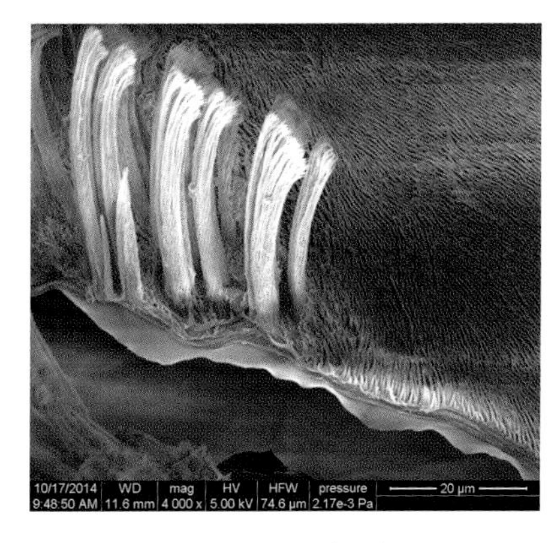

图 1.7 刚毛及其顶部细毛

图片来源：中国科学院王晓杰研究组。

2 范德华作用

范德华作用源自原子或分子的电偶极子。当一个原子或分子的正电荷中心和负电荷中心之间存在一定距离时，就会产生电偶极子。

原子由原子核和电子组成，当电子均匀地分布在原子核周围时，整个原子是电中性的［图 1.8（a）］。但是由于外界的各种扰动，会出现电子没有均匀分布在原子核周围的情况，形成原子的极化，从而出现图 1.8（b）中的正负电荷中心不重合的情况，也就是形成了电偶极子。当两个极化了的原子靠得足够近时，因为电荷之间的相互作用，就会产生吸引或排斥的作用［图 1.8（c）］。

与原子的电偶极子作用类似，分子的电偶极子之间也会产生相互

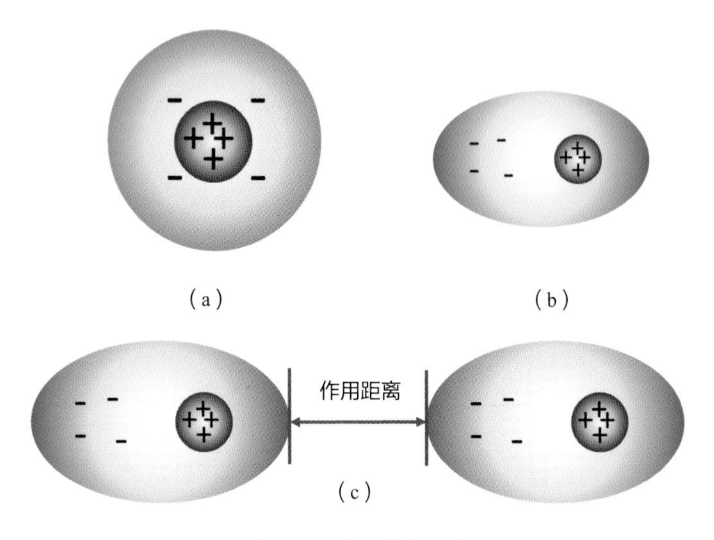

图 1.8　原子间的相互作用

作用。对于分子，有些分子正负电荷中心重合，是非极性分子，在偶极子诱导下发生正负电荷中心不重合的现象，产生电偶极子。有些分子，比如水分子是由两个氢原子和一个氧原子组成的。这三个原子以氧原子为顶点，形成一个顶角为 105 度的等腰三角形。在这个三角形中，正负电荷中心是不重合的：负电荷中心位于氧原子这一侧，正电荷中心则靠近两个氢原子处。因此，水分子本身就存在永久电偶极子。当这些电偶极子距离很近时，就会产生范德华作用。

范德华作用大小与什么有关呢？一方面，两个分子之间的范德华作用随着分子之间的电偶极矩的增大而增强。分子的电偶极矩等于分子内正负电荷中心的电量与距离的乘积。另一方面，范德华作用与两分子间距离的 7 次方成反比。当分子间距离在 0.4~0.6 纳米的时候，它们之间表现出互相吸引；当距离小于 0.4 纳米时，分子过分靠近会导致排斥力迅速增大，从而表现出互相排斥；而当距离大于 0.6 纳米时，它们就“感觉”不到对方了。范德华作用没有方向性，也没有饱和性，只要分子距离合适，无论多少个分子从任何方向靠近都会产生范德华作用。

3 刚毛的作用

范德华作用是由分子之间的距离决定的，因此，当利用范德华作用产生黏附的时候，如何让黏附结构与攀爬表面密切接触，是非常关键的。大壁虎脚爪上的多级结构就是为了在不同的表面粗糙度下，能够保证有足够数量的刚毛与物体表面形成有效的接触（图 1.9）。

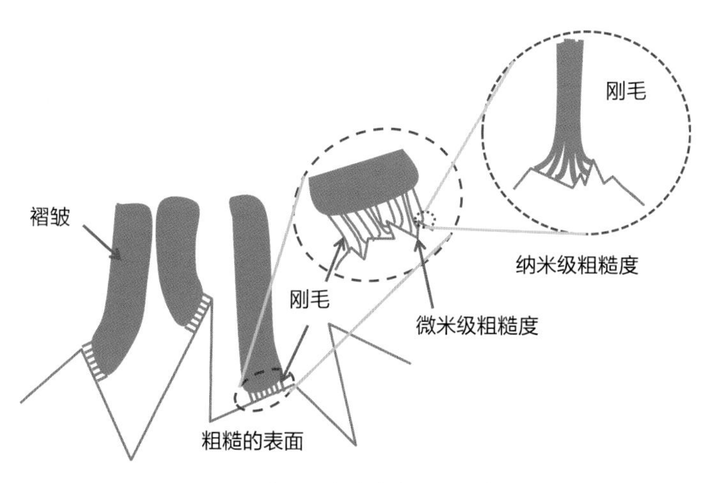

图 1.9 大壁虎脚爪上的多级结构

大壁虎脚爪上柔软的褶皱可以很好地适应具有毫米级粗糙度的物体表面，能够匹配物体表面突起和缝隙的形状，使尽可能多的刚毛与物体表面接触。如果我们进一步放大褶皱表面，可以看到其表面仍然是粗糙的，具有微米级的粗糙度。因此，当物体表面的粗糙度达到微米级时，这些几微米粗的刚毛就能够发挥作用。当物体表面更光滑、粗糙度更小的时候，就要靠刚毛前端纳米级的分叉来形成接触了。大壁虎脚爪上这些复杂的一层层跨尺度结构，就是它们在粗糙的岩石或光滑的玻璃表面来去自由的法宝。

你可能会问："为什么刚毛顶端的细毛直径约为 200 纳米，而不是更小或者更大一些呢？"我们把大壁虎与其他具有类似攀爬能力的动物相比较，就会发现体形越大、体重越重的动物，其脚爪上的这种细微结构的分叉越细。例如，甲壳虫的脚上分布着几微米大小的突起；比甲壳虫体形稍大一点的苍蝇，它脚爪上的绒毛直径为 1 微米左右；更大一些的蜘蛛，其脚爪上的绒毛直径约为 300 纳米；而相对体形最大的壁虎，其绒毛最细，直径只有 200 纳米左右（图 1.10）。

动物图例				
体重	约 0.5 克	约 1 克	10~30 克	约 100 克
脚爪绒毛直径	2 微米	1 微米	300 纳米	200 纳米

图 1.10　刚毛顶端的脚爪绒毛直径与动物体重的关系

为什么动物的体形越大，用于黏附的绒毛却越细呢？这种现象称作分裂接触。我们大致可以将绒毛简化成圆柱，在范德华作用下，黏附力和圆柱的直径（d）成正比例关系。当绒毛变细时，单根绒毛形成的黏附力相应变小。但是，在同等面积的区域上，当绒毛变细时，绒毛的数量会增加，并与单根绒毛所占的面积成反比例关系。因此，单位面积上总的黏附力与每根绒毛的直径成反比例关系（图 1.11）。也就是说，在相等面积下，这些细小的绒毛一起使劲，会产生比大绒毛大得多的黏附力。所以对于大壁虎这种体重比较大的动物来说，就需要把前端的绒毛分到足够细，才能产生足够的黏附力，从而实现攀岩走壁。这也告诉大家，个体的力量是渺小的，合作是力量的倍增器。因此，我们要学会团结协作。

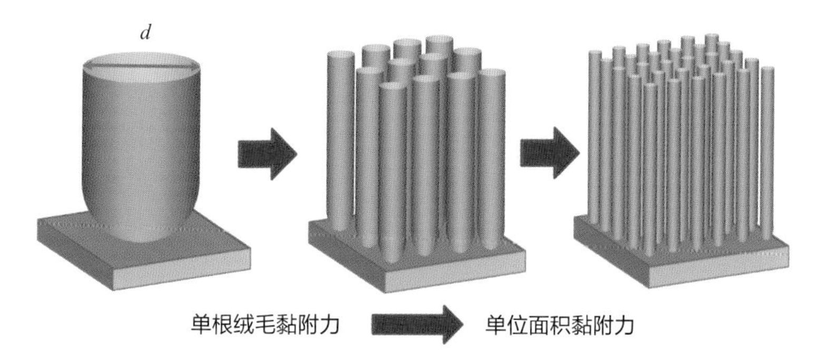

图 1.11　单位面积上的总黏附力与每根绒毛直径的关系图

除了绒毛细分会对总黏附力产生影响之外，绒毛自身的特性也会影响黏附力。首先，如果绒毛过于柔软，在黏附时，绒毛容易倒伏，影响黏附材料的重复使用。另外，对于已经形成有效接触的两个表面来说，构成两个表面的材料越硬，表现出来的黏附力越大。因此，动物们需要在足够软的绒毛（以产生足够的变形来适应各种粗糙的表面）及足够硬的绒毛（以产生足够的黏附力）之间找到一个平衡点。这里有两个力学概念：一个是材料的刚度，另一个是结构的刚度。而材料的刚度决定了每一根绒毛所能产生的黏附力的大小，结构的刚度决定了绒毛阵列变形的能力。材料的刚度是材料抵抗变形的能力。在一个圆柱体上施加拉力，

图 1.12　受拉的圆柱体

这个圆柱的伸长量就和材料的刚度成反比例关系（图 1.12）。比如我们用手拉一根钢柱，它的伸长量非常小，肉眼是看不到的。但是如果这根柱子是橡胶的，它的伸长量就肉眼可见了。这是因为钢铁的刚度比天然橡胶的刚度高 2 万倍，所以在同样的拉力下，它的伸长量就会是橡胶的两万分之一。而结构的刚度不仅和材料的刚度有关，也和结构的几何形状以及尺寸有关。刚度很大的材料也可以形成很柔软的结构，比如我们的头发，其材料的刚度相当于比较硬的木材或者塑料，因其又细又长的结构，才会十分飘逸。

大壁虎就是完美地利用了这一点。大壁虎脚爪上那些刚毛顶端的细毛直径只有几百纳米，而刚毛整体长度达到几十微米，因此在结构上非常柔软，可以很好地在粗糙表面形成贴合。但是它的刚毛阵列由皮瓣逐级分化而来。皮瓣的主要成分是β角蛋白，和头发一样。这种材料的刚度可以保证有很大的黏附力。这是一个材料与结构完美结合的实例。七星瓢虫因为体重比较轻，不需要那么细的刚毛，但是对于较粗的刚毛而言，在粗糙表面上一些细小的褶皱或凹凸会影响接触的实际面积，因此七星瓢虫采用了另一种改变刚度的策略（图 1.13）。

图 1.13　七星瓢虫在叶面爬行

我们在电子扫描显微镜下可以清晰地看到七星瓢虫的整条腿由腿节、胫节、跗节和前跗节四个部分构成（图 1.14）。它的前跗节上带有钩刺，可以利用它们进行攀爬。同时，它还有一个毛茸茸的跗节，当钩刺发挥不了作用时，比如在比较坚硬或光滑的表面上，就可以利用跗节实现黏附。

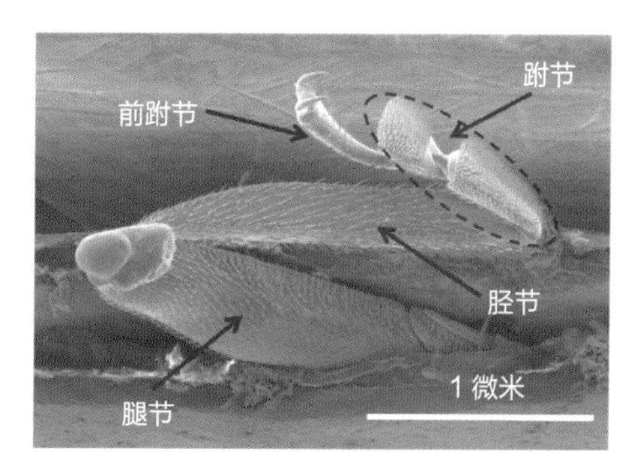

图 1.14　七星瓢虫腿部结构图

我们再进一步放大观察，可以发现七星瓢虫跗节上有一层由无数根刚毛组成的细毛足垫（图 1.15 和图 1.16）。这与大壁虎脚爪上一丛丛的刚毛分布类似，只是比大壁虎的刚毛要粗了一个数量级。七星瓢虫跗节上每根刚毛的长度约为 80 微米，根部直径为 2~3 微米。每根刚毛都是尖头状的，从根部开始到顶部越来越尖锐。此外，单根刚毛顺着毛

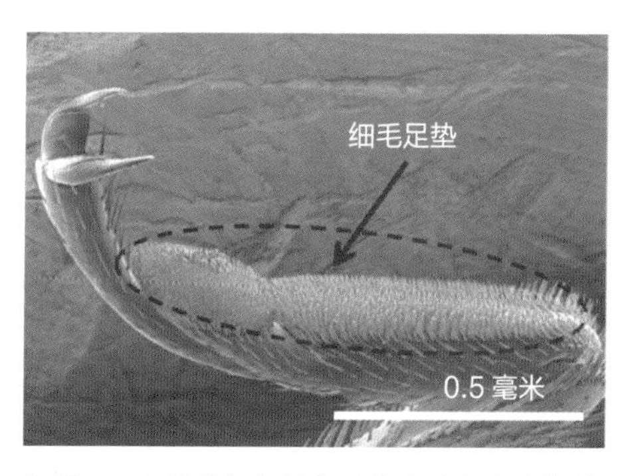

图 1.15　位于瓢虫腿部跗节上的细毛足垫图

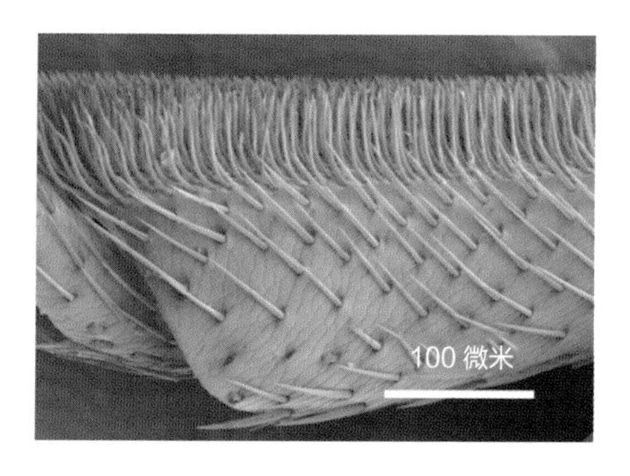

图 1.16　细毛足垫上分布密集的刚毛

尖的走向越来越软。也就是说，靠近根部的部分比靠近顶端的部分硬得多。这是因为顶端需要足够柔软才能和表面紧密贴合，从而保证足够大的接触面积，但是刚毛的整体要依靠根部的大刚度来保证稳定的黏附。我们可以看到，动物们根据自身不同的需求，进化出了多样的结构来适应各种条件下的攀爬。

4 仿生黏附材料

受到大壁虎脚爪多层结构的启发，科学家们开始尝试制备仿大壁虎脚爪的黏附材料。这种黏附材料不同于我们常用的湿答答的胶水或易粘住手指的胶带，它摸上去是干的。当把它压到物体表面后，它就能紧紧地粘上去，取下来后，表面没有被胶水或胶带粘过的痕迹，并且还可以重复使用哦！

科学家们发现，利用化学气相沉积法生长的碳纳米管阵列和大壁虎的刚毛结构非常类似。碳原子按照六边形在一个平面上排列成单层的碳原子层，即石墨烯（图 1.17）。把石墨烯像一张纸一样卷起来形成一个直径为纳米尺度的管，就成为一个单壁碳纳米管（图 1.18）。如果把多张石墨烯叠在一起卷起来，就是多壁碳纳米管。碳纳米管的长度可达几十微米或几百微米，直径一般为几纳米到几十纳米。

图 1.17 石墨烯结构示意图

图 1.18 单壁碳纳米管结构示意图

利用乙烯、乙炔或其他含碳气体，在一定的温度下及催化剂作用下还原生成碳原子，并整齐地排列起来，形成一束束细线立在基底材料上就得到了碳纳米管阵列（图 1.19）。这些碳纳米管就像壁虎的刚毛结构一样，只是比大壁虎的刚毛更细。根据分裂接触的理论，应该比大壁虎的刚毛更具优势。但是我们前面介绍过，基于范德华效应的黏附对材料刚度以及结构刚度都有要求，那么这么细的碳纳米管能够作为黏附材料吗？

图 1.19 碳纳米管阵列，由很多碳纳米管整齐排列形成

碳纳米管自 1991 年被日本的 Iijima 教授发现以来，这种新奇的材料就引起了科学界极大的兴趣。这是因为碳纳米管与后来出现的石墨烯具有非常独特的性质，其中之一就是它们优异的力学特性。碳纳米管和石墨烯是迄今为止知道的最硬的材料，它的刚度是钢铁的 5 倍，

甚至比自然形成的最硬的材料——金刚石还要高。这么硬的碳纳米管能够像大壁虎的刚毛一样柔顺地贴附在物体表面吗？

首先，黏附不是单根碳纳米管的黏附，而是大量碳纳米管整齐排列而形成的碳纳米管阵列结构的黏附。而由于碳纳米管之间的相互作用，碳纳米管阵列表现出与单根碳纳米管非常不同的力学特性。放大观察一下碳纳米管阵列（图 1.20），我们可以看到，在阵列中的碳纳米管并不是一根根笔直的，而是弯弯曲曲互相缠绕的。当阵列受到压力的时候，整体会像一个弹簧一样形成一个个褶皱（图 1.21）。碳纳米管非常细又非常长，所以在结构上呈现出非常软的特性，就像细细的铁丝绕成的弹簧一样，可以很软。碳纳米管阵列的结构刚度只有单根碳纳米管刚度的几百万分之一，跟海绵差不多。由此可见，碳纳米管阵列非常完美地实现了黏附材料高材料刚度、低结构刚度的要求。对碳纳米管阵列黏附性能的研究也验证了它们的确可以形成非常大的黏附力，其最大黏附力是大壁虎脚爪的 10 倍。

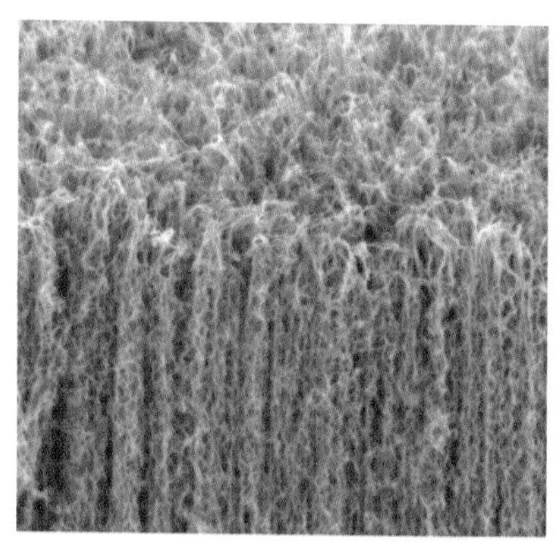

图 1.20 碳纳米管阵列中弯曲缠绕的碳纳米管

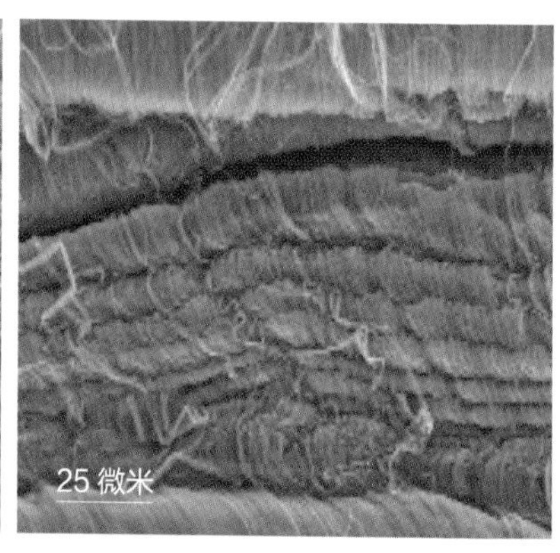

图 1.21 受压的碳纳米管阵列像弹簧一样形成一个个褶皱

在碳纳米管阵列的帮助下，一只玩具壁虎顺利地获得了悬挂在玻璃壁上的能力（图 1.22）。大家羡慕吗？

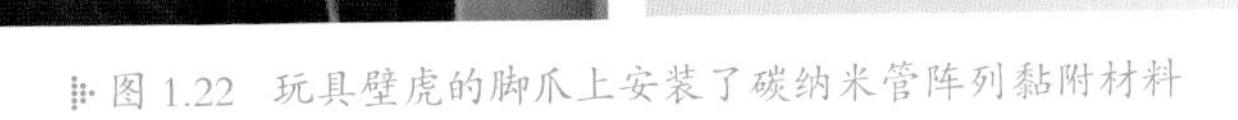
图 1.22　玩具壁虎的脚爪上安装了碳纳米管阵列黏附材料

碳纳米管黏附材料在高温下性能稳定。这是因为碳纳米管近乎完美的分子结构赋予了它优秀的力学和热学性能。真空状态下它能够在超大温度范围（-196~1 000 摄氏度）内保持稳定的物理性能和化学性能。因此，碳纳米管阵列黏胶的温度适应性非常强，能在极端温度环境下保持完美的黏附性能。

让我们做一个测试，分别用碳纳米管阵列黏胶和常用的胶水、胶带在升温的真空状态下吊住 100 毫升的水，看看谁能坚持到最后。结果显示，在 745 摄氏度时，胶带率先失效；在 1 196 摄氏度时，胶水也失效了；而碳纳米管阵列黏胶一直坚持到了 1 255 摄氏度（图 1.23）。

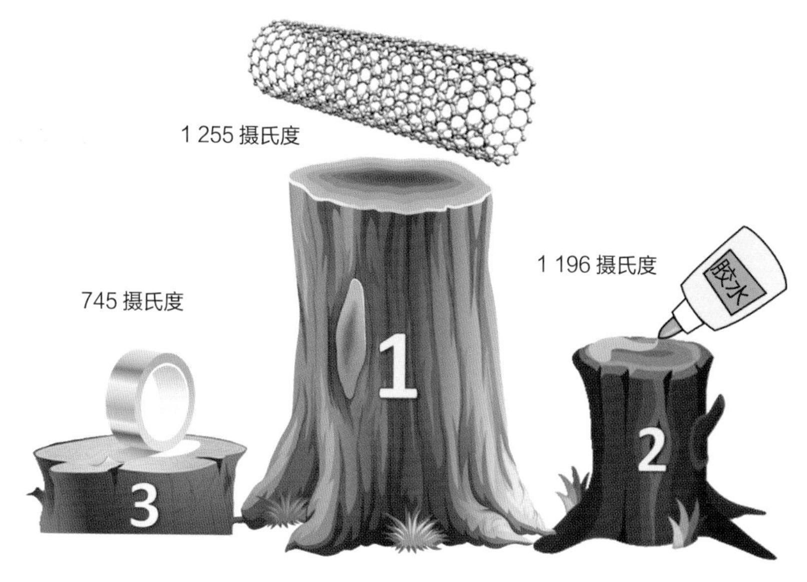

图 1.23　三种材料高温下的黏附性能比较

碳纳米管阵列虽然展现了优异的黏附性能，但是分子间相互缠绕的特性使得其受压变形以后无法恢复原状；也就是说，当压力去除以后，它们无法像弹簧一样恢复原来的长度，而是保持褶皱的形态，也就是会越压越紧。这样，阵列的结构刚度就会越来越大，如果反复黏附—脱附，就会看到黏附力快速地下降，使用几次之后就几乎没有黏附力了。

为了制备出重复性能良好的黏附材料，科学家们试图用高分子材料制成微柱阵列来模拟大壁虎脚爪的结构。例如，将高分子材料浇入微孔阵列模板中，经过固化形成微米绒毛阵列。然而，高分子材料一般刚度比较小，比如微纳制造里较常见的聚二甲基硅氧烷（PDMS）的刚度只有大壁虎刚毛材料 β 角蛋白的千分之一。如果做成大壁虎刚毛那样细细的绒毛，就会倒伏、纠缠在一起，因此只能做成短粗的百微米左右粗细的小柱子阵列（图 1.24）。

从壁虎身上我们知道，黏附的结构越精细越好，所以这种短粗的小柱子没有很好的黏附效果。研究人员尝试了刚度更大的高分子材料，如聚氨酯丙烯酸酯。它的刚度差不多是 β 角蛋白的十分之一。把它做成几微米直径的微柱阵列时，可以看到，尽管柱子只有 10~20 微米高，但已经出现了一定程度的倒伏（图 1.25），说明材料的刚度仍然偏小。

图 1.24　柔软的 PDMS 材料做成的短粗小柱子阵列

图片来源：武汉大学王正直研究组。

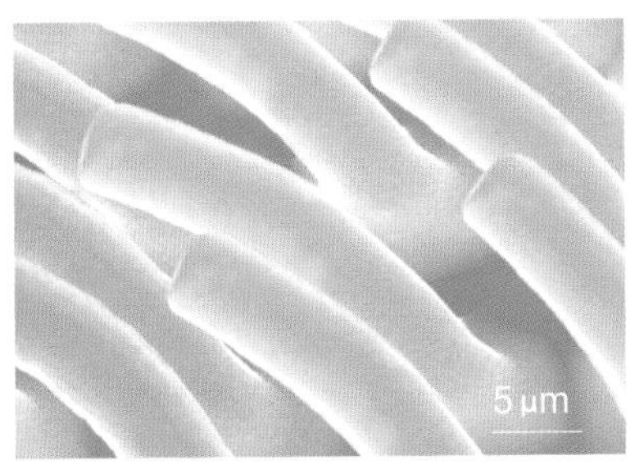

图 1.25　聚氨酯丙烯酸酯的微柱阵列存在倒伏的现象

图片来源：武汉大学王正直研究组。

因为使用高分子材料模板浇筑的方法很难做出直径更小的结构，所以研究人员进一步参考七星瓢虫的变刚度结构，在几微米直径的小柱子里掺入直径小于 1 微米的铁磁性颗粒，在材料固化成型的过程中附加一个磁场。在磁场的作用下，铁磁颗粒会向小柱子的根部聚集，越向柱子顶部，铁磁颗粒的密度越低。而铁磁颗粒的聚集会增大材料的刚度，所以小柱子从顶部到根部的刚度就随着铁磁颗粒的密度增加而逐渐增加，这就与七星瓢虫的刚毛类似。并且因为根部较大的刚度，小柱子倒伏的情况得到了明显的改善（图 1.26）。研究人员把这个微柱阵列材料贴合在一个玻璃或金属表面上，可以稳稳地吊起一个重物，其在光滑表面上的黏附力基本可以达到大壁虎脚爪的黏附力。同时较软的顶部使微柱阵列可以较好地贴合粗糙的表面，因此在粗糙表面上也可以形成较强的黏附力（图 1.27）。

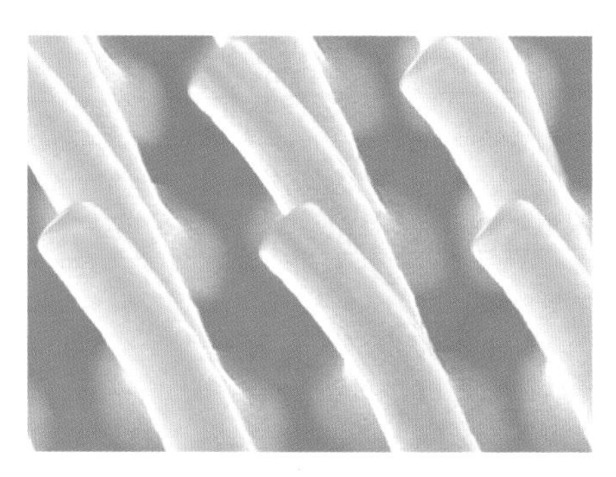

图 1.26　添加铁磁颗粒形成的变刚度聚氨酯丙烯酸酯微柱阵列图

图片来源：武汉大学王正直研究组。

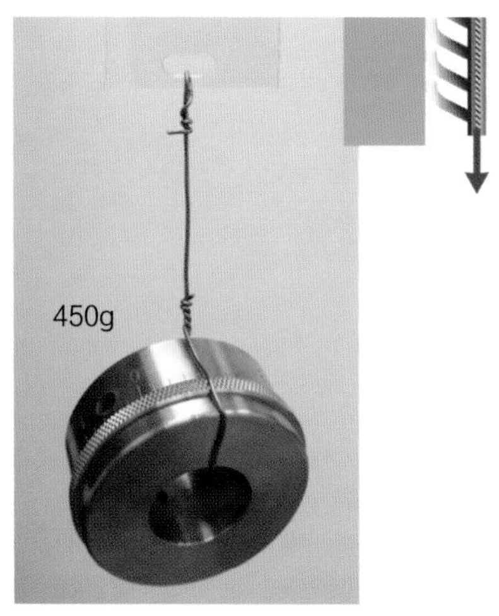

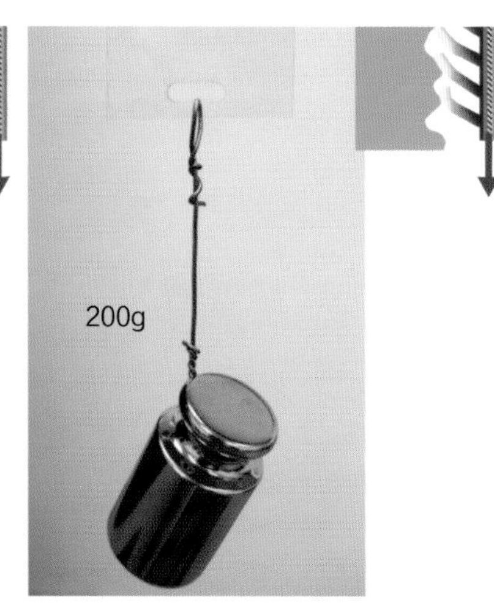

图 1.27　变刚度聚氨酯丙烯酸酯微柱阵列黏附示意图

注：变刚度聚氨酯丙烯酸酯微柱阵列黏附材料在光滑及粗糙的表面都可以形成稳定的黏附。

图片来源：武汉大学王正直研究组。

5 仿生黏附材料应用

用仿壁虎干黏附材料和传感器组合设计成夹子，夹子前端的黏附材料与物体表面分子间产生范德华作用，以此夹取不同材质、不同形状的物体（图 1.28）。小到种子，大到足球，脆弱如鸡蛋，形状不规则如螺丝钉等，都可以用同一个夹子来夹取，而不用担心因物体的形状不规则而夹不牢或者用力过猛而夹破，因为这个夹子是靠黏附材料的黏附力夹取物体的。试想一下，如果用这样的夹子去玩抓娃娃的游戏，谁都可以顺利抓到很多娃娃！在工业上，黏附材料取物的优点，已经在大块平板玻璃的搬运和手机电池生产线上发挥重要作用。

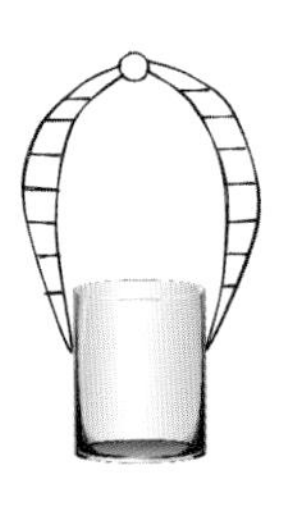
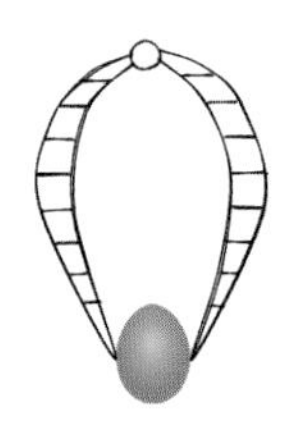
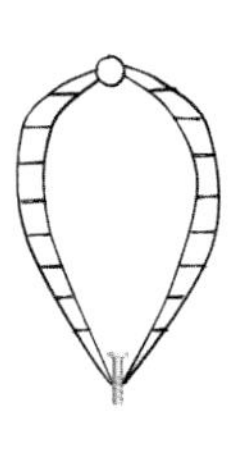

图 1.28 仿生黏附材料和接触传感器组合的夹子夹取不同物体（示意图）

由于黏附材料在热真空环境中能够保持黏附强度，因此这种黏附材料夹子也可以用于太空取物，图 1.29 就是宇航员在空间站使用黏附材料夹子取物品的照片。和磁吸附、电吸附或者真空吸附不同，用仿生黏附材料黏附物体，不需要附加产生磁场或电场的部件增加额外的

图 1.29　宇航员在空间站用黏附材料夹子取物

质量，也不会因为电场或磁场对一些零部件产生影响，而且在太空的真空环境中，真空吸附无法奏效，因而仿生黏附与另外三种方式相比，更适合在太空中使用。采用集成多块小片仿生干黏附材料的夹子，在微重力环境中可以轻柔地抓取、操纵和释放直径达米级的平面或曲面物体。实验结果表明，集成 100 平方厘米的仿壁虎干黏附材料的爪子在自由漂浮环境里能操纵 370 千克物体。

太空中漂浮着数量太多的太空垃圾（图 1.30），主要是由于航天器在轨爆炸解体造成的，主要成分为铝 / 铝合金、复合材料、不锈钢以及钛合金和铜等，绝大部分为不规则形状。太空垃圾分布高度不均匀，90% 以上分布在人造卫星所使用的低、中、高轨道区域（轨道高度为 200 ~ 36 000 千米）。这些太空垃圾对航天器安全和航天员生命造成巨大的潜在威胁。各国空间科学家对太空垃圾清理提出了多种方案和构想：对于大尺寸的太空垃圾，倾向于先使用机械臂、

图 1.30 太空垃圾

电动绳系、飞网或鱼叉捕获垃圾；对于小型太空垃圾，则采用激光推移、离子束推移等方式，使太空垃圾离开当前轨道进入大气层烧毁。科学家们尝试用集成黏附材料的机械臂黏附太空垃圾，不仅黏附材料可以重复使用，黏附回来的太空垃圾还能回收再利用呢！

在机器人的足部装上仿生黏附材料，借鉴大壁虎脚爪的黏附原理和移动方式，可以为传统爬行机器人提供新思路，实现机器人在各种表面上的自如运动。这些机器人将在多个领域发挥作用。足部组合了形状记忆合金和仿生黏附材料的四足机器人如图 1.31 所示。 这种复合黏附结构在玻璃类光滑表面和纤维材质类粗糙表面都能产生附着力，在 150 帕真空度下的附着力与正常大气压下的附着力测试结果相当。机器人连续爬行 5 米后，足端附着力未明显减弱。

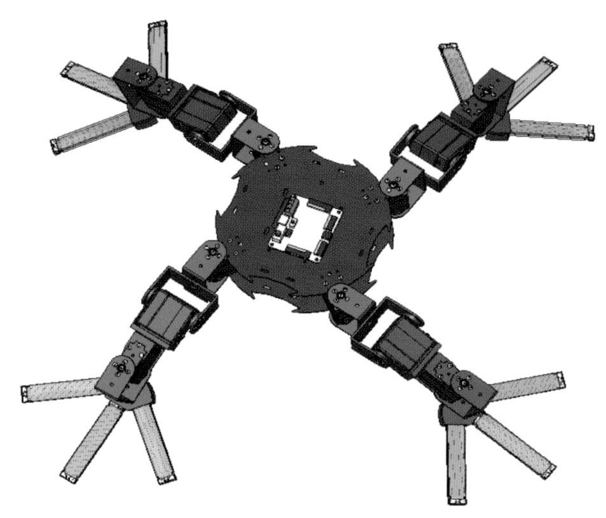

图 1.31　安装了仿生黏附材料的四足机器人

图片来源：中国科学技术大学董二宝研究组。

从发现大壁虎脚爪的秘密开始，对仿生黏附材料的研究已经有二十多年，黏附材料的性能在不断地提升，有些材料的黏附力已经超过大壁虎的脚爪了。仿生黏附材料也逐渐运用到生产和生活中，然而还没有哪一种材料能拥有大壁虎脚爪的综合性能：适应各种表面，强黏附，易脱附，自清洁和优异的重复性，因此在仿生黏附材料方面还有很长的路要走，还有很多的科学技术难关需要攻克，需要我们共同坚持不懈地努力！

第2讲

刀枪不入的贝壳——力学仿生

潮水退去以后，沙滩上留下了一个个形态各异的贝壳（图2.1），孩子们欢呼着、奔跑着，去捡起贝壳，拾起欢乐。诗人把贝壳拿在手中，咏叹道："曾经沧海的你，留下一只空壳。海云给你奇异的纹理，海月给你莹莹的珠光……"科学家们却发现了它们优异的力学性能和其中的秘密，让我们一起来探秘吧！

图2.1 沙滩上的贝壳

1 贝壳的结构

我们都知道粉笔不会轻易弯曲，也不容易被拉断，但是用粉笔写字时，却很容易断。也就是说，粉笔的刚度较大但是韧性不够，容易发生断裂。这是因为粉笔的主要成分是碳酸钙，而碳酸钙是一种脆性材料。如果有老师让你用粉笔灰和蛋白质为原料去做一副坚硬的盔甲，你一定会心生疑惑：这可能吗？

图 2.2 鲍鱼壳

而自然界的贝类却是这样的“大师”：它用碳酸钙和蛋白质构造出了坚硬的外壳来保护自己。这是一种什么样的结构呢？

贝壳通常分为三层。最外层是角质层，由硬蛋白质构成，主要起到抗酸碱腐蚀的作用。中间是棱柱壳层，主要由较为稳定的方解石结构的碳酸钙组成，保证了贝壳在自然环境中的稳定性。内层是珍珠层，这是贝壳中最坚韧的部分，也就是我们看到的贝壳内部闪着珍珠光泽的部分（图 2.2）。珍珠层是贝类分泌的层状有机物框架，依靠生命体富集钙离子，在蛋白质和其他生物大分子的调控下生长出文石结构的碳酸钙，从而形成的一种具有特殊结构的天然复合材料。

图 2.3 贝壳珍珠层微观结构

图片来源：中国科学技术大学俞书宏研究组。

珍珠层由碳酸钙和有机物交替构成微纳尺度砖－泥结构（图 2.3），两者的体积分数分别为 95% 和 5%。碳酸钙晶体“砖”呈薄片状。晶片直径为5~8微米，而厚度为0.3~1.5微米。晶片大多为六边形，与贝壳面平行。晶片相互堆砌镶嵌形成碳酸钙片层。其相邻层间的晶片边界线不是上下对齐堆砌的，而是互相错开的，就像我们盖房子的时候相邻两层砖块相互错开。而“泥”则是由有机分子链形成的有机质基体层，厚度约为25纳米。

这种具有微纳尺度层状结构的复合材料是怎样发挥盔甲的作用的呢？这都与构成这个盔甲的“砖”“泥”材料的力学性能以及它们之间特殊的力学相互作用有关。

2 材料的力学性能

在生产和生活中，一般都要求材料具备一定的力学性能以保障其正常使用。盔甲也不例外。

材料的力学性能主要是指材料在受力时表现出来的力学行为，这种行为一般表现为变形和断裂。通常用材料的弹性、塑性和强度等来描述材料的力学性能。弹性是指材料在外力作用下保持其原来形状和尺寸的能力，以及在外力去除后恢复固有形状和尺寸的能力。塑性是材料在外力作用下发生变形的能力。强度是材料对塑性变形和断裂的抵抗能力。

弹簧在压力的作用下产生压缩变形，当压力去除后，弹簧又会恢复原来的高度，这就是弹性的作用（图 2.4）。

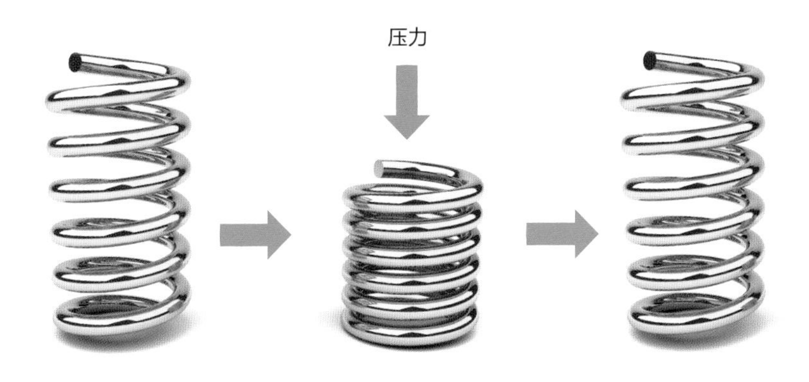

图 2.4 受压的弹簧

刚度是表征材料或结构弹性变形难易程度的一个重要力学参量。材料或结构在受力时首先会发生弹性变形。当变形超过一定值时，会发生永久性的、不可恢复的塑性变形。如一个被捏瘪的易拉罐就不会再恢复原状，这是因为金属在外力的作用下发生了塑性变形（图 2.5）。

图 2.5 被捏瘪的易拉罐

大部分结构的设计是确保在使用过程中受到外力的作用下，只发生弹性变形。当发生塑性变形或断裂后，这些结构将达不到想要的功能。因此，知道在多大的应力下（作用在单位面积上的力）开始发生塑性变形对于工程设计有重要的意义。这个应力的大小就是屈服强度，它是抵抗塑性变形的一种度量。材料在屈服后，继续发生塑性变形，应力会达到最大值，如果继续施加应力并保持一段时间，材料会发生断裂。对于脆性材料，弹性变形段后往往没有塑性变形段而直接断裂。材料断裂时受到的力最大，对应的应力是断裂强度。断裂强度标志着材料的实际承载能力，一般用作产品规格说明或者质量控制指标。在传统的强度设计方法中，塑性材料用屈服强度除以安全系数得到许用应力，而脆性材料则用拉伸时的断裂强度除以安全系数得到许用应力。

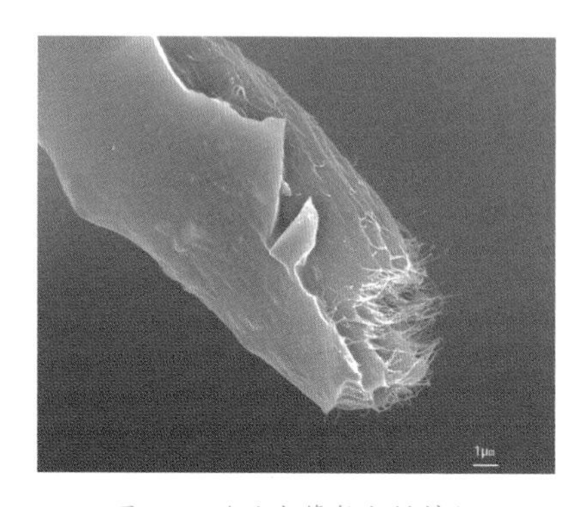

图 2.6　碳纳米管复合材料断口

注：外层高聚物脆性断裂，内层碳纳米管纤维韧性断裂。

图片来源：中国科学技术大学王鹏飞研究组。

材料断裂的模式有两种：韧性断裂和脆性断裂。通常，在发生韧性断裂前，材料能够产生较大的塑性变形，断口不太规则；而脆性断裂在断裂前，塑性变形很小甚至没有，因此断口平直。

图 2.6 中碳纳米管复合材料呈现出不同的断裂模式：外层高聚物层为脆性断裂，内层碳纳米管纤维为韧性断裂。金属试件的韧性断裂宏观上呈现为 45° 角的切变断裂或杯锥断裂（断口一端呈凹进去的杯子状，另一端则是凸出的圆锥体）（图 2.7）。脆性断口从宏观上看比较平直。微观尺度的断口形貌也不相同。图 2.8 是不同配比的 AlxFeMn-

图 2.7　铝合金试件的韧性断裂

图片来源：中国科学技术大学王宇研究组。

CrCoNi 系合金试样断面的扫描电镜图片：（a）为韧性断裂断口，有许多窝坑（学名韧窝）和滑移线；（b）为脆性断裂断口，有解理面、韧窝和撕裂棱。

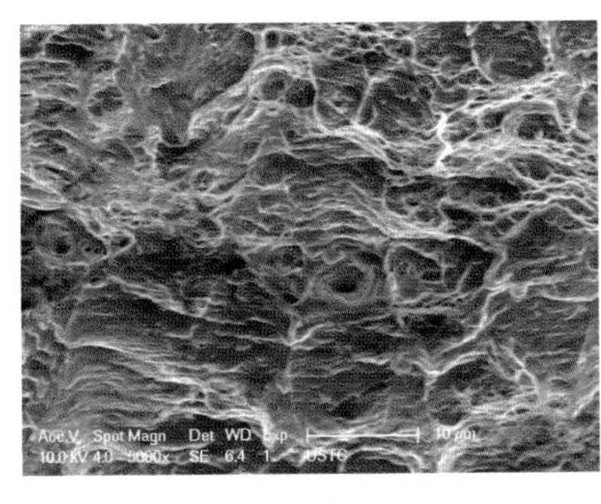

（a）韧性断裂口

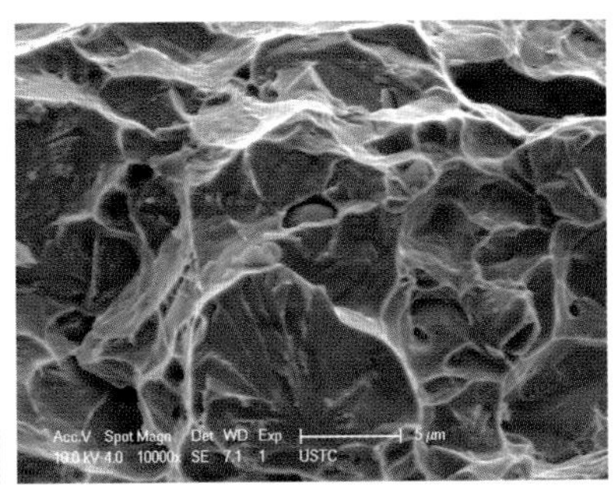

（b）脆性断裂口

图 2.8 AlxFeMnCrCoNi 系合金试样不同断裂方式断口的微观形貌图

图片来源：中国科学技术大学彭良明研究组。

工程材料的失效会造成经济损失以及人员伤亡，这是我们不希望发生的事情，尤其是脆性断裂的发生。脆性断裂一般无任何警告，危害特别大。如果断裂前发生比较大的塑性变形，就会提醒我们材料即将发生断裂，应及时采取适当的保护措施。这种断裂就称为韧性断裂。这里的韧性表示材料在塑性变形和断裂过程中吸收能量的能力，也就是材料抵抗断裂的能力。其大小用材料在断裂前所能吸收的能量与体积的比值来表示。韧性越好，则发生脆性断裂的可能性越小。

对于在具体使用条件下的材料，必须要综合考虑其性能，才能达到很好的效果。比如，飞机的机翼材料，如果材料刚度不够，机翼就是软软的，容易变形；若强度不够，受到较小的力就可能断开；若韧性不够，机翼变形稍大就折断了。因此，需要综合考虑这些力学性能，选择合适的材料，这样才能制造出合格的机翼，以保证飞机正常飞行（图 2.9）。

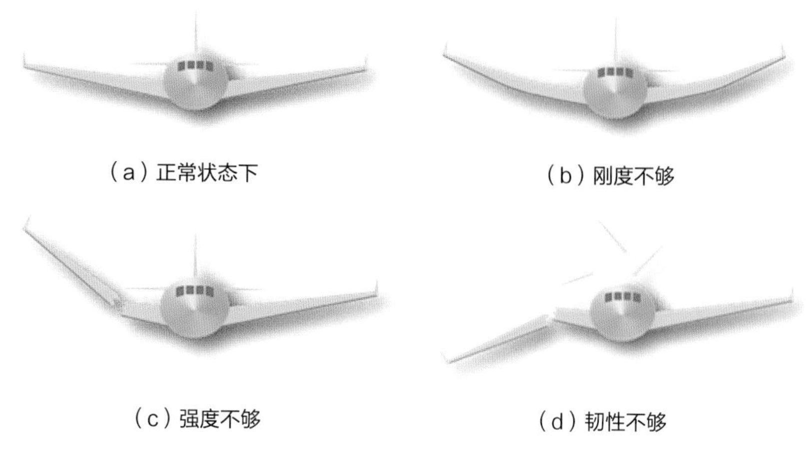

图 2.9 飞机机翼材料

生产和生活中经常用到材料的硬度表征，其用于衡量材料软硬程度。硬度代表材料抵抗局部产生小凹痕或划痕的能力。测量方法是在一定的条件下将小压头压入样品表面，压痕或划痕越大越深，则说明材料的硬度越低，反之则硬度越高。硬度的测量简单经济，而且不会对材料产生大的影响或造成断裂，如咬一咬金牌就是最简单的硬度测试。通过硬度还可以对其他力学性能进行估算，一般硬度高的材料强度也高，因此硬度使用较广泛。但硬度不是一个简单的物理概念，而是材料弹性、塑性、强度和韧性等力学性能的综合指标。

想要材料的各项力学性能都很优异是非常困难的，因为有些性能呈此消彼长的趋势。比如硬质材料往往强度高，但塑性不够，甚至没有塑性。玻璃和陶瓷的刚度很高，即使用力去掰它，基本上也不会产生变形，但是可能轻轻一摔就会摔碎。这是由于玻璃与陶瓷材料没有塑性变形能力，断裂韧性低，是一种脆性材料（图 2.10）；而塑料的强度低，塑性好。塑料矿泉水瓶（图 2.11），轻轻一捏就会变形，而

图 2.10 易碎的玻璃瓶

图 2.11 不易碎的塑料瓶

一般的摔打、碰撞都不会损坏。这是因为塑料的刚度很低，但是其具有很强的韧性及塑性变形能力，是一种塑性材料。一般来说，陶瓷材料的强度、硬度、刚度等都比金属优越，但塑性和韧性不如金属。高分子材料的强度和刚度则比金属和陶瓷低得多，但往往韧性很高，不容易断裂。

如何得到既具有很高强度又同时具有优异韧性的材料，一直是科学家们追求的目标。他们尝试从多种多样的生物身上获得灵感，仿贝壳材料就是其中一个研究热点。

3 增韧机理

一般而言，硬的材料强度高，但会呈现脆性。脆性的碳酸钙韧性不好，贝壳珍珠层保留了碳酸钙的刚性，同时断裂韧性提高了3 000倍，真正做到了高强度和高韧性的效果。那贝壳珍珠层是如何兼具高强度和高韧性，能给我们的材料设计带来什么启发呢？

我们先来看看材料是怎样形成裂纹直至断裂的。裂纹通常是从材料中的微小缺陷开始的，这些小缺陷在力的作用下合成大缺陷，形成小裂纹。裂纹在力的作用下进一步扩展，最后对整个结构造成破坏（图2.12）。

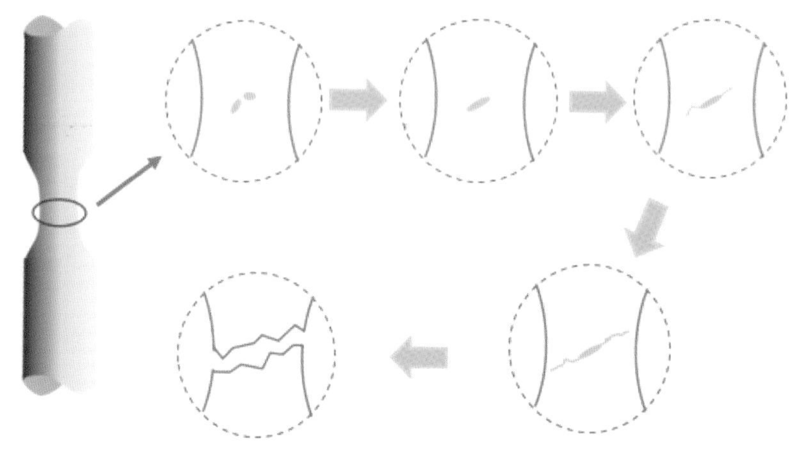

图 2.12 断裂步骤

从图 2.12 中我们可以看到，裂纹扩展是导致断裂的根本原因。裂纹的产生在材料中形成了两个新的表面，也就是裂纹的上下表面。每一个表面都具有一定的表面能。也就是说，在裂纹扩展时，材料体系中的能量是增加的。这就是为什么我们需要施加一定的力，做一定的功，才能造成裂纹的扩展。

对于塑性材料，如塑料包装袋（图 2.13），有时候我们在塑料袋预留的缺口处使劲撕，只是把塑料袋越扯越薄，可就是撕不开。这是因为在裂纹的尖端形成了塑性变形区。而材料的塑性变形几乎吸收了所有的能量，因而阻碍了新裂纹表面的产生，也就是阻碍了裂纹的扩展。

在撕开塑料袋的时候，我们还会发现很难控制撕开的方向，也就是说裂纹不是完全沿着直线方向扩展。裂纹扩展的方向有一定的随机性，这就延长了裂纹的长度，因此需要输入更多的能量来补偿裂纹形成时增加的表面能，才能达到最终破坏的目的。

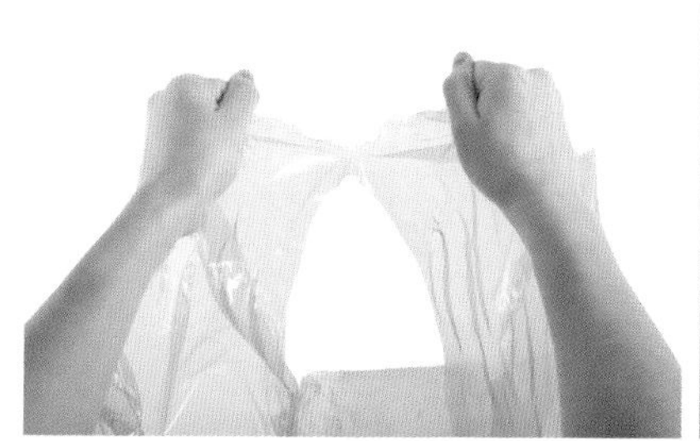

图 2.13　手撕塑料袋

图 2.14　玻璃裂纹呈直线扩展

而对于脆性材料，例如，玻璃一旦出现一个小裂纹，只需要很小的力就会造成裂纹扩展，并最终使其遭受破坏（图 2.14）。因为玻璃几乎不会发生塑性变形，在裂纹尖端不会形成一个塑性变形区来吸收能量并阻碍裂纹的扩展，所以裂纹能够以极小的代价扩展，同时也造成了裂纹在玻璃中的直线传播。这就是为什么我们通常在玻璃上看到的是图 2.14 中放射性的裂纹。大家知道两点之间直线距离最短，裂纹沿最短的方向传播，并且几乎没有塑性变形区，裂纹扩展所消耗的能量最小。因而在脆性材料中，从一个小缺陷开始，裂纹会非常容易扩展至整块材料，形成破坏。

大家可能会说，既然塑料的断裂韧性这么好，我们就用塑料吧。这就像玻璃瓶和塑料瓶的区别，塑料瓶虽然不容易摔坏，可是它一捏就瘪，也就是说，它无法承受稍大的压力。如果要在保证刚度的同时增强材料的断裂韧性，就得结合两种材料的特性，并采用合适的结构来实现。

贝类利用碳酸钙和有机物质给自己造房子，竟然点石成金巧妙地实现了又强又韧的优异力学性能。碳酸钙是一种脆性材料，刚度很高但是很容易断裂。贝壳韧性的增强可不仅仅是因为在碳酸钙中加入了5% 体积分数的有机质，而在于它所采用的高度复杂精巧的微纳米尺度砖泥结构。一片片碳酸钙就像我们盖房子时用的砖块一样；而贝类分泌的蛋白质形成的有机分子链是一种韧性材料，像砖块之间的泥，刚度很小但是可以承受很大的变形。那么当裂纹扩展时，微纳米尺度的砖－泥结构是怎么发挥作用的呢？

在普通的碳酸钙材料中，由于材料属于脆性材料，裂纹扩展的路径平直，裂纹尖端几乎没有塑性变形区域，裂纹扩展功主要用于产生新的表面所需的表面能。而在珍珠层中，由于碳酸钙层间有结合很好的有机质层，使材料变成了具有一定塑性的复合材料。主要表现为裂纹扩展路径由平直变为弯曲，裂纹扩展的路上还遇到砖块拔出或有机质“藕断丝连”的情况，这就需要消耗非常多的能量。同时裂纹最前端出现了较大区域的塑性变形区（图 2.15），进一步阻碍了裂纹的扩展。

图 2.15　普通碳酸钙材料和贝壳砖－泥结构裂纹扩展示意图

让我们来仔细观察一下裂纹在贝壳砖－泥结构中是如何艰难扩展的。在裂纹扩展时，由于有机质层与碳酸钙之间的结合弱于碳酸钙之间的结合，裂纹首先沿着碳酸钙片层间的有机层“泥”扩展一段距离，然后沿纵向“泥”发生偏转，穿过碳酸钙层，再一次偏转进入与之平行的“泥”。用积木拼成砖－泥结构，可以看到这种裂纹的频繁偏转使裂纹扩展路径增加（图 2.16），从而扩展阻力增加。这与我们看到贝壳珍珠层断裂时的断口表面情况一致：断口不平直，裂缝长度大大增加。这些都意味着产生新表面的面积也相应较大，从而消耗更多的能量。

图 2.16　模拟贝壳砖－泥结构中裂纹扩展发生频繁的偏转

图片来源：孟震西。

在贝壳珍珠层的断裂过程中，还可以观察到碳酸钙砖块的拔出和桥接，用积木堆积模拟这种断裂模式，如图 2.17 所示。

（a）砖块拔出模型

（b）砖块桥接模型

图 2.17　贝壳砖－泥结构中裂纹扩展模型

图片来源：孟震西。

可以看到，在此过程中，碳酸钙层间的有机质“泥”发生塑性变形并且与相邻晶片黏结紧密，提高了相邻“砖块”间的滑移阻力，也就是在碳酸钙“砖块”拔出时需要的力更大。而在裂口的某些地方，相邻“砖块”尽管已经脱开，但有机质“泥”仍与裂口另一边的“砖块”保持良好结合，起到很好的桥接作用，使裂纹扩展阻力增加。

当贝壳珍珠层沿垂直砖块层断裂时，有机质“泥”的变形还会产生砖块滑移并形成沿砖缝的细小裂纹区（图 2.18 中的积木缝即为砖缝处的细小裂纹），对应于图 2.15 中颜色发白区。由于此区域范围较大，因此消耗的能量较多。这也是贝壳珍珠层韧性高于普通碳酸钙材料的一个原因。

图 2.18 模拟贝壳砖 – 泥结构中砖块的滑移

图片来源：孟震西。

在贝壳珍珠层断面的扫描电镜照片中，可以清晰地看到因裂纹偏转和晶片拔出形成的断口不平直。由于碳酸钙片层间的有机质层层厚仅为 25 纳米，因此在高放大倍数下才能观察到有机质层的连接（图 2.19）。这些照片是对砖 – 泥结构韧性增强机理的验证。

从以上分析可知，贝壳的优异力学特性与其珍珠层精细的砖泥微结构特征密切相关。碳酸钙“砖块”的拔出、桥接、滑移，裂纹的偏转与分叉，以及高韧性的有机质“泥”一起对材料韧性提高发挥了主要作用。另有研究表明，有机质“泥”中存在的矿物桥加强了砖块间的连接。砖块表面的纳米微粒和微米尺度起伏都增加了砖块滑移的阻力，也起到了增韧作用。如果沿着垂直于砖块层的方向施加拉力，裂纹沿着砖块竖向直线扩展，强度和韧性就小。不过贝壳在自然界中不会受到这样的力。我们可以看到，在贝壳结构里存在不同尺度上的强韧化机制，它们的共同作用产生了如此优异的综合力学性能。

（a）因裂纹偏转和晶片拔出形成的不平直断口

（b）高放大倍数下可以看到有机质的连接

图 2.19　贝壳珍珠层断面的扫描电镜照片

图片来源：中国科学技术大学俞书宏研究组。

4　贝壳仿生材料

贝类是怎么造出砖 - 泥结构的呢？难道像我们砌墙一样吗？不是的！贝壳珍珠层砖 - 泥结构先形成“泥”框架，由贝类细胞分泌有机质自组装成层状隔室。每一层有机质上有直径几十纳米的小孔，使上下层隔室相通。泥框架形成后，搬来“砖”往里塞吗？不！作为“砖”的碳酸钙晶体从最外层有机质上开始按一定取向生长，并通过隔室之间的小孔继续往下一层隔室中生长，形成珍珠层中每一层的碳酸钙晶体“砖”。这些砖具有一致的取向，其生长形式像一棵棵圣诞树，叶片是平着伸展的碳酸钙晶片，最终得到碳酸钙层和有机层交替堆叠的结构（图 0）。这个过程有点漫长，不像砌墙那么简单。

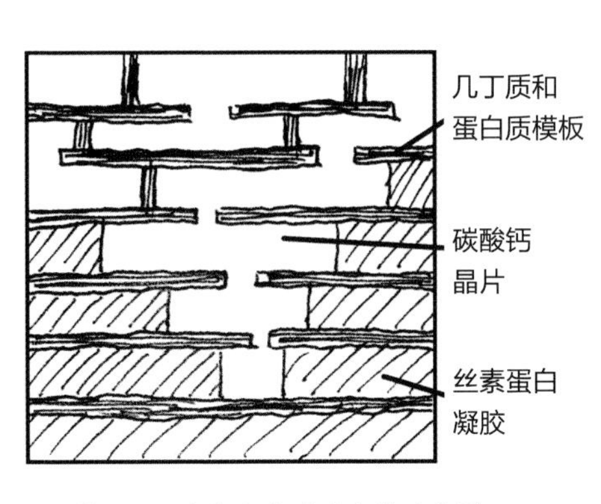

图 2.20　贝壳珍珠层的生长示意图

我们能否借鉴这样的方法得到“人造贝壳珍珠层”呢？科学家经过多年模索，通过冻干壳聚糖溶液得到层状壳聚糖框架，再经过化学处理得到几丁质框架，相当于贝类形成的有机质隔室。再通入流动的碳酸钙溶液，使碳酸钙沉积在层状有机框架上，类似于自来水中的钙离子慢慢沉积在水壶壁形成水垢的过程（图 2.21）。科学家把这种方法命名为原位矿化生长法。用此方法形成砖－泥结构，再经过浸渍丝蛋白溶液和热压处理，就得到人造贝壳了。

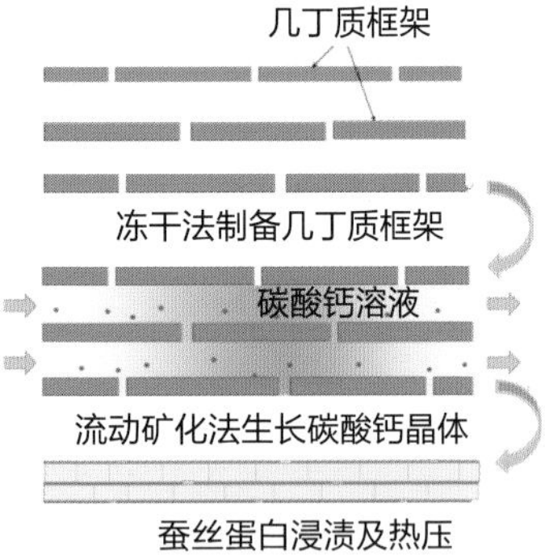

几丁质框架
冻干法制备几丁质框架
碳酸钙溶液
流动矿化法生长碳酸钙晶体
蚕丝蛋白浸渍及热压

图 2.21　合成人工珍珠层的步骤

这种人造贝壳珍珠层材料不仅具有与天然贝壳珍珠层类似的形成途径、化学组分和无机含量，而且具有从微观到宏观多个尺度上都基本一致的多级结构形式，并拥有与天然贝壳珍珠层相媲美的力学强度和韧性（图 2.22）。

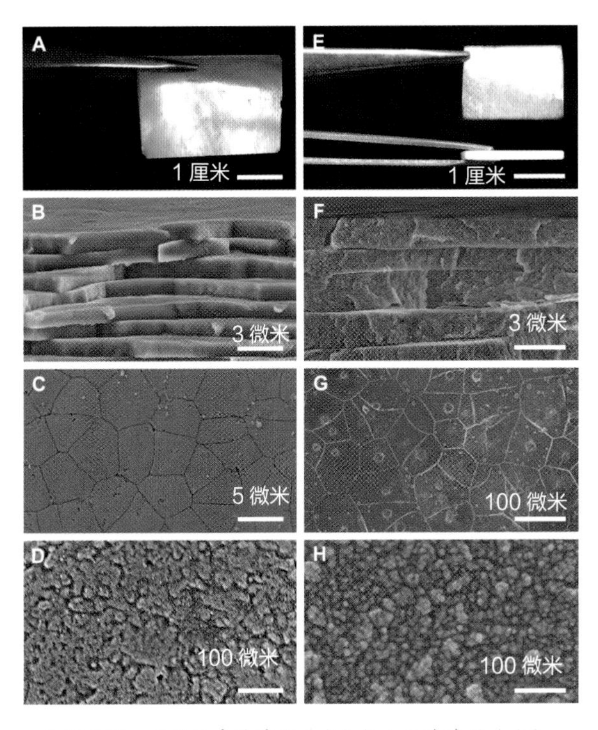

图 2.22　天然贝壳珍珠层（左）与人工珍珠层（右）不同尺度的结构相似性

图片来源：中国科学技术大学俞书宏研究组。

原位矿化生长法得到“人造贝壳”耗时长、难度大，而且不容易得到大尺寸三维样品。那么能否借鉴贝壳的砖－泥结构机制，采用高效的方法制备出实际工程中可以用的人造贝壳呢？

科学家采用高效的溶液铸膜法将片状磷酸钙颗粒和高聚物基元构筑成砖泥结构的薄膜材料，再把多层薄膜叠合热压，获得三维大尺寸维人工珍珠层材料（图 2.23 和图 2.24）。

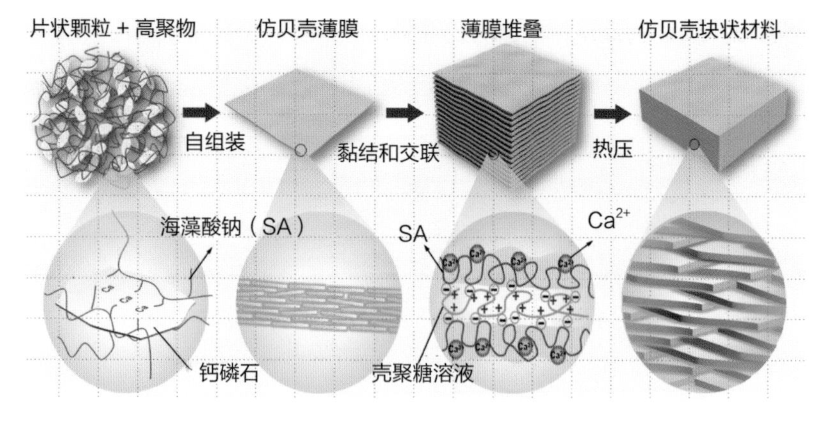

图 2.23　三维大尺寸人工珍珠层材料制备示意图

图片来源：中国科学技术大学俞书宏研究组。

此材料成功地复制了天然贝壳珍珠层材料的多级结构。扫描电镜下观察断裂面，可以看到存在与天然贝壳中类似的裂纹偏转、分叉、晶片拔出、聚合物的桥连等多种增韧机制。因此，这种人工珍珠层材料和天然贝壳一样具有优异的力学性能（图 2.25），可与多种工程材料相媲美，为制备面向实际应用的高性能仿生材料提供了新的研究思路。

图 2.24　三维大尺寸人工珍珠层材料

图片来源：中国科学技术大学俞书宏研究组。

继而，科学家选用力学性能优异的原料，同样采用砖 - 泥结构，得到了力学性能优于天然贝壳的材料。比如以氧化石墨烯作为“砖”，聚乙烯醇作为“泥”，组装制备了氧化石墨烯 / 聚乙烯醇复合薄膜。

通过调控氧化石墨烯层间的相互作用，得到了强度和韧性兼备的层状纳米复合薄膜。其拉伸强度和断裂韧性均远优于天然贝壳，充分体现了碳纳米复合材料轻质高强韧的特点。

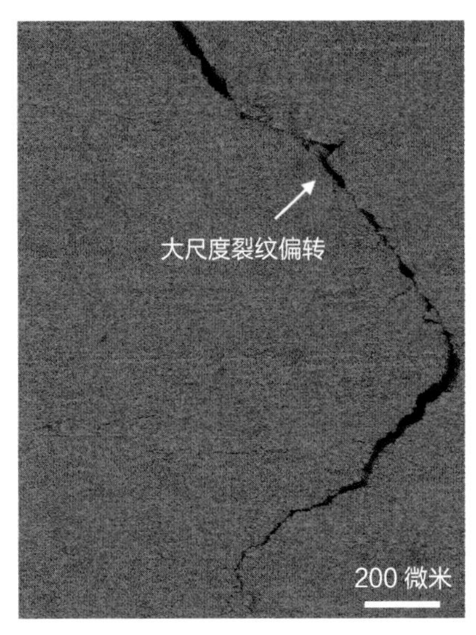

（a）扫描电镜图像显示了在开口弯曲测试中的大尺度裂纹偏转

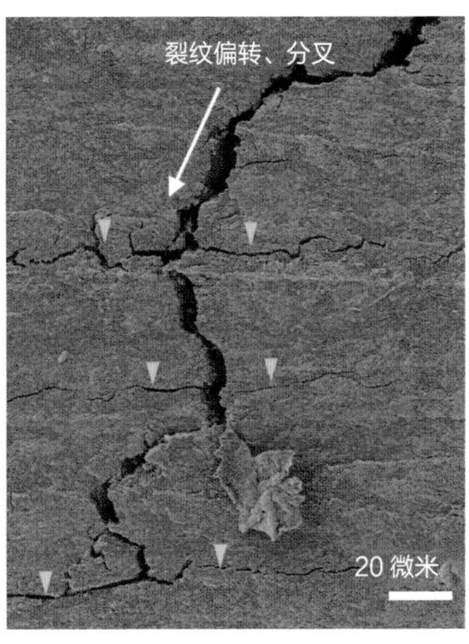

（b）扫描电镜图像显示了裂纹偏转、分叉，以及萌生的多级裂纹

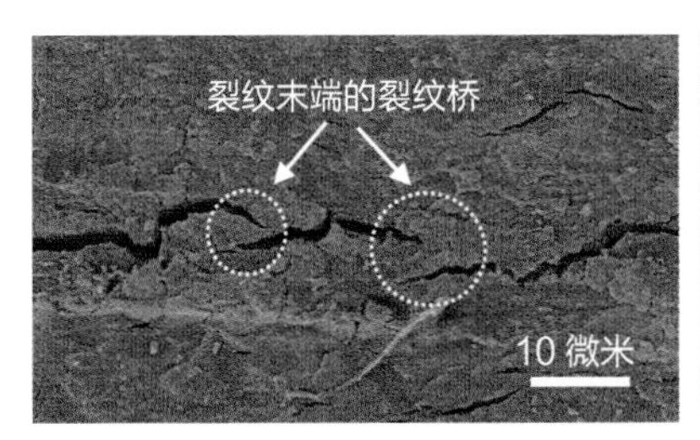

（c）扫描电镜图像显示了接近裂纹末端的裂纹桥

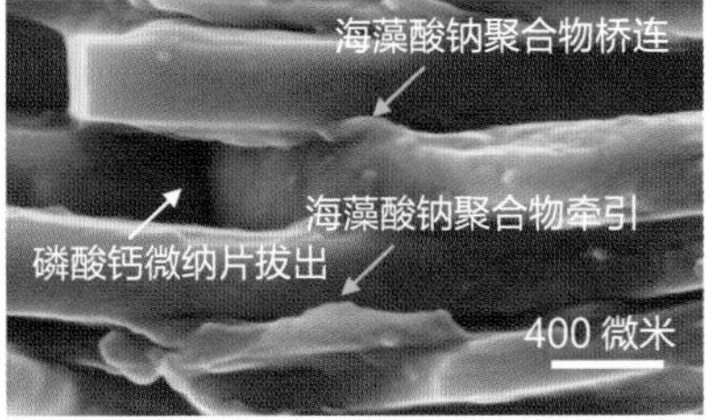

（d）扫描电镜图像显示了磷酸钙微纳片的拔出，海藻酸钠聚合物的桥连、牵引

图 2.25 裂纹扩展路径的扫描电镜照片

图片来源：中国科学技术大学俞书宏研究组。

在这些仿贝壳结构材料中，有一种工程塑料因其优异的力学性能，取材天然而且可以降解而备受瞩目。

图 2.26　人们对塑料制品带来的生活便利性非常欣喜

自 1910 年新型塑料研制成功以及此后大规模商业化生产，塑料制品以极快的速度取代了木材、金属、玻璃等在家用和工业产品中的应用。图 2.26 为 1955 年美国《生活》杂志上刊登的一幅图片：美国家庭在庆祝“用完即弃的生活方式”（Throwaway Living）的到来。2020 年全球塑料产量为 3.67 亿吨，预计 2050 年塑料产量将达 11 亿吨。而塑料很难降解，完全降解需要数十年甚至上百年。目前已有 92 亿吨塑料存在于地球上，其中超过 69 亿吨已成为垃圾，63 亿吨从未被回收处理。风化破碎的薄膜和塑料小块在环境中越积越多，对生态环境造成的不利影响日趋严重（图 2.27）。

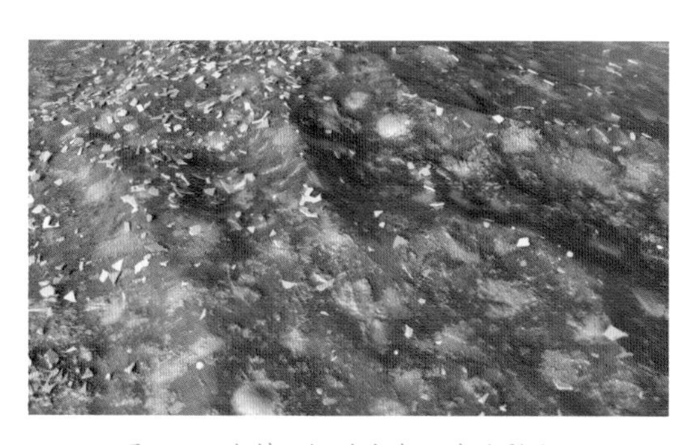

图 2.27　塑料垃圾对生态环境的影响

为了减少塑料对环境的影响，科学家们脑洞大开，取天然原料作为砖和泥，构筑了可以降解的高力学强度的复合材料。

许多小朋友都玩过黏土，用它可以捏出许多造型。这种材料的砖块就是由普通黏土分散制成的片状纳米黏土片。而泥呢，是细菌“吃了”葡萄糖后分泌出的又细又长的细菌纤维素。利用纳米黏土片和细长状的细菌纤维素这两种天然组分构筑“砖－泥”层状结构片层，再热压制备出新型复合薄膜材料（图 2.28）。这种薄膜材料丢弃后，细菌纤维素在土壤中约 2 个月会自然降解。可谓是从原材料到制备到使用全部绿色无污染！一定有小朋友心里犯嘀咕，这样的材料真的能用吗？你可别小瞧它。

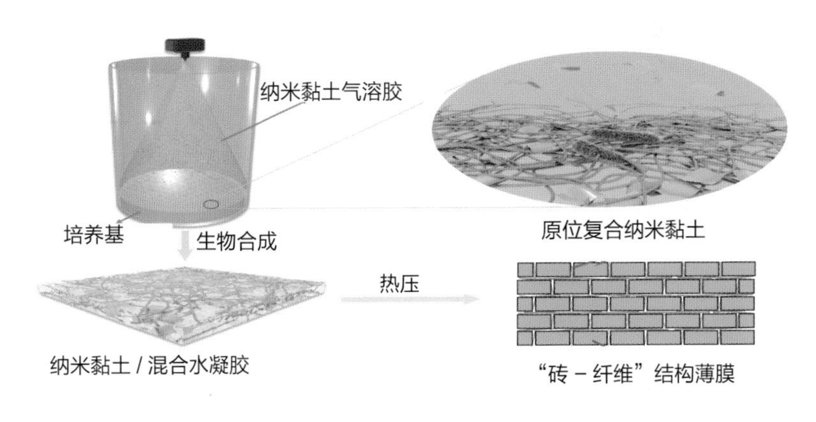

图 2.28　纳米黏土片和细菌纤维素天然组分构筑了“砖－纤维”仿贝壳层状结构薄膜

这种新型薄膜材料的强度是目前常用商用塑料薄膜的 6 倍以上，而且具有良好的柔韧性，可折叠成各种形状，展开后没有明显损伤。这种薄膜还有类似毛玻璃的“匀光性”透光效果，可让光透进来又不刺眼，适用于手机屏幕等器件。传统塑料薄膜在高温下极易软化变形，这种新材料在 250 摄氏度下仍能保持结构和性能稳定。在这个温度范围内，使用温度升高 100 摄氏度，其尺寸变化仅为万分之三。这下你不会怀疑这款绿色环保材料将会在柔性电子器件、新型显示、光电转换等领域发挥强大的作用了吧！

5 抗冲击新招式

贝类有了这坚固的盔甲，是否就可以高枕无忧呢？要知道它的捕食者是很强大的，会想方设法破坏盔甲。比如美貌的雀尾螳螂虾（图 2.29），这是一种肉食性海洋甲壳类动物，大的能长到 18 厘米。它精力旺盛，昼夜皆醒，随时等待猎物上门，然后大打出手，饱餐一顿。螳螂虾最常吃的就是身上背着盔甲的生物。它身子前端有可折叠的大螯肢，每次折叠拳击，出拳极快，在 1/50 秒内，最大速度可超过 80 千米 / 小时，产生约 60 千克的冲击力，犹如 0.22 小口径手枪的子弹射到猎物上，贝类的盔甲往往会被它砸碎。

图 2.29　美貌凶狠的雀尾螳螂虾

贝类也不愿坐以待毙，它用太极拳的方法来对付螳螂虾。科学家发现，贝壳内收肌可以施加闭合力。这种作用在材料内部的力，称为内部应力。在受到螳螂虾拳击时，贝壳层内部应力会部分抵消螳螂虾拳头冲击的力，从而帮助贝类抵抗螳螂虾的重拳。

关于内部应力，举一个大家熟悉的例子。向玻璃杯里倒入热水，玻璃杯内壁最先接触到热水，并受热膨胀，而玻璃杯外壁还是常温，膨胀程度小。内壁被外壁约束着，就产生了内部应力。这些内部应力会对外部受力产生影响。但内部应力过大，杯子就会炸裂。我们生活中常见的钢化玻璃，就是通过化学处理或者升降温处理后，让玻璃表面有一层受到压力的薄层。当玻璃受到冲击时，这表面薄层可以起到强化的作用。

在贝类迎战螳螂虾的启发下，科学家3D打印仿珍珠层状“砖－泥”结构材料。沿着平行砖块的方向预先拉伸材料，使材料中有一定的拉伸应力。用落锤砸到样品上（图2.30），通过高速摄像机在冲击样品背面实时捕捉样品表面形貌，对比预拉伸的试样和没有预拉伸的试样破坏情况。在拍下的照片中，很容易看到砖块滑移后砖缝变大的区域，也就是结构滑移和损伤区域（图2.31中的红色区域）。这块区域越大，对应消耗的能量也越多。对比图2.31（a）与（b），可以看到预拉伸仿贝壳材料比未预拉伸仿贝壳材料砖缝被拉开的区域大，但是有裂纹的区域小。原因是预先拉伸的样品在冲击作用下，砖块更容易移动位置。这些砖块移动过程会吸收一部分冲击的能量，使整体破坏程度降低。类似于打太极，用其“松”的特点直接将对方的力化解。当然若拉伸力过大［图2.31（c）］，则会使材料在冲击前就有裂纹，可能会导

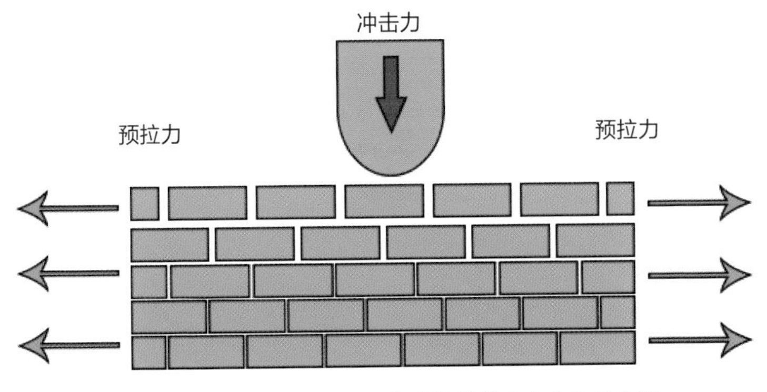

图2.30　预拉伸的仿贝壳结构材料冲击实验示意图

致冲击部位直接穿孔，材料完全被破坏。

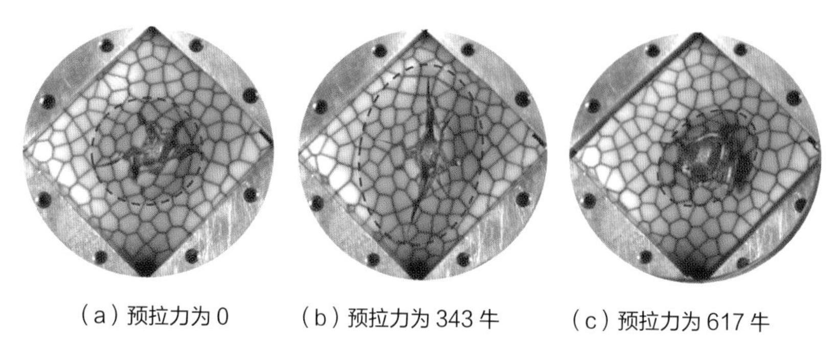

图 2.31　冲击后样品的表面图片

图片来源：中国科学技术大学倪勇研究组。

科学家们将此发现应用到锂离子纽扣电池里的隔膜材料设计上，与商业陶瓷隔膜和普通的仿贝壳隔膜电池相比，使用这款预拉伸的仿贝壳隔膜的纽扣电池表现出较高的抗冲击性，电池的电性能和循环稳定性不受影响。这表明在锂离子电池的实际生产中，可以通过改进工艺得到新型仿贝壳层结构隔膜，从而增强锂电池的性能。

仿制贝壳珍珠层并对其结构仿生可以同时大幅度提升材料的强度和韧性。找到关键的结构参数，调整合适的界面强度，是材料设计的核心所在。自然界的其他生物还有许多优异的力学性能，其背后是长期进化出来的独特结构。我们要通过精心的研究，将学习到的各家“秘笈”用在材料设计上。从结构仿生到功能仿生，制备出力学性能可控的仿生功能材料 / 智能材料，并加以应用，对我们的生产与生活都具有深远的意义。

第3讲

五彩缤纷的蝴蝶——光学仿生

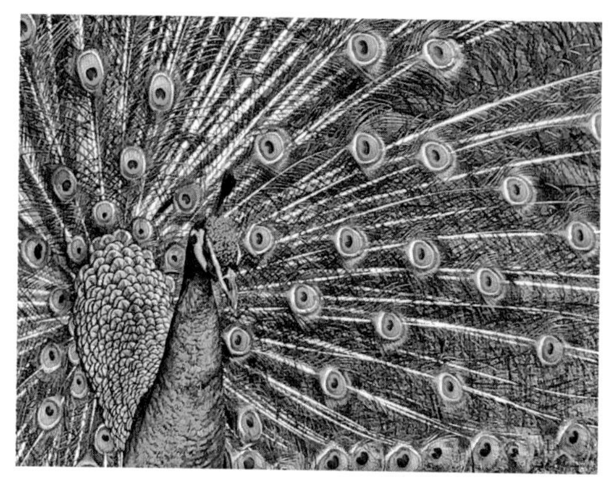

图 3.1 具有金属光泽的孔雀羽毛

图片来源：周时若。

大自然是最好的调色师，红的花、绿的树、色彩艳丽的小鸟、五彩斑斓的蝴蝶，构成了一幅幅美丽的图画。当你看到孔雀那闪闪发光的绿色尾羽（图 3.1），在花间飞舞的蝴蝶（图 3.2），你是否想过，是什么给了它们如此丰富的颜色？大自然是如何把这些色彩呈现在我们眼前的？

首先，我们在大自然中看到的颜色来源于太阳光。太阳光作为一种复合光，它的光谱有很宽的范围：从我们看不见的红外光，到可见光，又到看不见的紫外光。太阳光的光谱中可见光是其中很小的一部分，但是我们所看到的颜色就包含在这很小的一部分里，也就是我们通常说的七色光（赤、橙、黄、绿、青、蓝、紫）（图 3.3）。牛顿在 1672 年第一次通过棱镜折射揭示了白光是由七色光组成的复合光，从而揭示了彩虹的形成原理。

图 3.2 色彩斑斓的蝴蝶与鲜艳的花朵

图 3.3 太阳光经过棱镜呈现出七色光

我们看到的颜色是由于物体表面对不同波长的光具有不同的反射与吸收造成的。如果物体表面只反射蓝色的光，把其他颜色的光都吸收了，那么我们看到的就是一个蓝色的物体；如果只反射绿色的光，那么我们就会看到绿色的物体；如果物体对所有的可见光都会反射，七种颜色加在一起就是我们看到的白光；反之，如果物体把所有的可见光都吸收了，在我们面前的就是一个黑色的物体了。

那么是什么决定了物体表面对不同颜色的光的吸收和反射呢？有的是由材料的性质决定的。例如，各种色彩鲜艳的花朵，或者我们画画用的颜料等。但是有的材料本身没有颜色，而是由于物体表面具有非常特殊的微观结构，使得这种表面只对某种特定波长的光有很强的反射，比如大部分鸟类的羽毛、蝴蝶的翅膀等。这种通过微观结构而产生的颜色叫作结构色。光学仿生就是模仿蝴蝶或鸟羽的特点，在表面加工出微米级，甚至纳米级的结构，以此来调节控制表面对不同波长光的吸收和反射，从而使表面具有独特的光学性质。

1 五颜六色的蝴蝶

最先引起科学家们注意的就是五颜六色的蝴蝶了。当我们用手抓蝴蝶时，有没有发现手上会沾上一些白色的粉末？其实，蝴蝶的翅膀上有许许多多细小的鳞片，而这些粉末就是蝴蝶翅膀上掉落的小鳞片。科学家们通过细心的观察发现，蝴蝶那美丽的花衣服的秘密正是藏在这些小小的鳞片里。图 3.4 中是一只比较常见的绿豹蛱蝶。当我们在显微镜下看它的翅膀时，可以看到翅膀上布满了一层层的鳞片；进一步放大这些鳞片，可以发现鳞片的表面不是光滑的，而是有一条条细细的纹路；再放大看，这些纹路组成的沟槽里还有一个个更细的横向隔膜。这些沟槽

图 3.4　绿豹蛱蝶及其翅膀鳞片放大图

注：绿豹蛱蝶翅膀上分布着细小的鳞片，每一个鳞片上具有非常精细的微纳结构。

与隔膜在鳞片上组成了具有周期性排列的细小结构，其中最小的结构尺寸比 1 微米还要小。这些微小的结构会选择性地反射、衍射某些波长（颜色）的光，因此它的翅膀上呈现出像豹纹的花样。

图 3.5 蓝闪蝶

对这种光学现象应用得最完美的就是著名的蓝闪蝶。它是如此美丽（图 3.5），被称作“发光的海”。它的英文名称“Morphomenelaus”来自希腊神话中象征爱情与美丽的女神阿芙洛狄蒂，代表了耀眼的美丽。根据不同的品种，人们给它起名为光明女神闪蝶、梦幻闪蝶、太阳闪蝶和夜光闪蝶等。蓝闪蝶最大的特点就是它在阳光下闪闪发光的蓝色翅膀。它发出的蓝色是如此耀眼，以至于当它扇动翅膀的时候，飞行员在高空中都能看见它。

神奇的是蓝闪蝶翅膀上的鳞片其实没有颜色，而我们看到的带有金属光泽的蓝色完全是由于鳞片上复杂的微纳结构在一个特定的角度，对于太阳光中的蓝色部分具有非常高的反射率造成的。因此，这种绚烂的蓝色只能在一定的观察角度上被看到。蓝闪蝶煽动翅膀的时候，在捕猎者的眼中就会呈现一会儿消失、一会儿出现的奇妙景象，这也是它迷惑、躲避捕猎者的一项高超本领。在高倍的电子显微镜下仔细观察蓝闪蝶的鳞片，会发现它具有比绿豹蛱蝶的翅膀鳞片更加复杂的结构。蓝闪蝶翅膀的鳞片上布满了深约 2 微米、宽约 500 纳米的凹槽。在这些凹槽的壁面上又布满了深、宽约 200 纳米的横向凹槽，从侧面看就像一排整齐排列的小松树。而在这些小松树的枝丫间还有更加细小的横向隔膜，这些小隔膜就只有几十纳米。蓝闪蝶呈现出绚丽的蓝色就是入射的太阳光在它们翅膀上这种复杂的三维微纳结构中产生的有趣的光学现象。

不同波长的光照射在微纳结构上会根据波长的大小发生很多有趣的光学现象，包括吸收、折射、干涉及衍射等。当太阳光这种复合光照射在这些鳞片上时，鳞片上周期性排列的结构对不同波长的光会具有不同的光学响应，所以蝴蝶的翅膀才呈现出各种鲜艳夺目的颜色。科学家们根据分析与计算发现，这些鳞片产生的绚丽的色彩主要来自于光的衍射效应。

2 光的衍射

光通常是直线传播的，因此当物体前面有光源的时候，会在后面形成阴影，这是因为光线被前方的障碍物遮挡住了（图 3.6）。但是当这个障碍物的尺寸小到和光的波长差不多时，光线将偏离直线传播的路径而绕到障碍物的后边，这种现象就是光的衍射。

图 3.6 阴影的产生是因为障碍物对光的遮挡

对衍射现象的观测通常是利用一个狭缝，当这个缝比较大时［图 3.7（a）］，光线直接通过狭缝在后面的接收屏上形成一条亮线；而当这个缝缩小到与光波波长相近或更小时［图 3.7（b）］，光线经过狭缝时不再沿着直线传播，而是偏折了一个角度，在后面的接收屏上则会看到一排明暗交错的条纹。

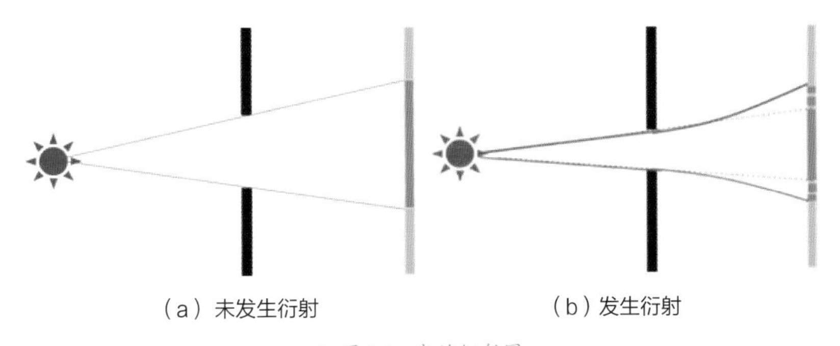

图 3.7　光的衍射图

注：光通过一个足够小的孔时会发生偏折，这就是衍射现象。

当我们有一排这样的狭缝等间距排列时，就形成了一种周期结构，这种结构叫作平面光栅。当单色平行光通过平面光栅后，利用一个凸透镜使平行光汇聚，在接收平面上就可以看到衍射条纹（图 3.8）。

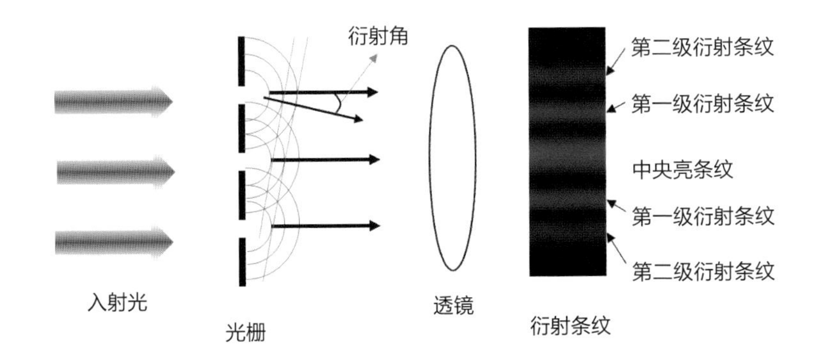

图 3.8　光栅的衍射

中央亮条纹最亮，然后是第一级衍射条数、第二级衍射条纹……其亮度随着级数的增大而减弱。衍射条纹与中央亮条纹的距离是由衍射角决定的，而衍射角是由入射光的波长与光栅间距决定的。因此，不同波长的光经过同一个光栅，形成的衍射条纹的位置或者间距是不一样的。当白光或者太阳光经过一个光栅时，衍射现象就会把不同颜色的光分离开来，从而形成彩色的条纹。例如，激光光盘的表面刻有一道道凹槽，是用来存储信息的，这些凹槽形成了光栅结构，在阳光照射下会呈现出一个彩色光带（图 3.9）。

图 3.9　白光在激光光盘上发生衍射而呈现出彩色光带

周期性微纳结构的尺度以及入射光的波长决定了衍射的特定角度，也就是衍射角。蓝闪蝶翅膀鳞片上的微纳结构最小尺度只有几十纳米，是因为蓝色的光在可见光里属于波长比较短的光，因此要求的微纳结构相对更小；同时蓝闪蝶发出的蓝色的光只在特定的角度范围内才可以看到，当它扇动翅膀的时候，我们就会看到一闪一闪的蓝色，这也是它名字的由来。

3 多姿多彩的钢

受到蝴蝶的启发，科研工作者们结合先进的加工方法，把冷冰冰的钢铁变得多姿多彩。在不锈钢表面加工出微纳结构，在白光的照射下，不同的区域呈现出不同的颜色，一只五颜六色的蝴蝶就出现了（图3.10）。

图 3.10 不锈钢表面加工出微纳结构

图片来源：中国科学技术大学褚家如研究组。

这只美丽的蝴蝶就是在不锈钢表面上利用激光加工出的各种尺寸的微纳结构，

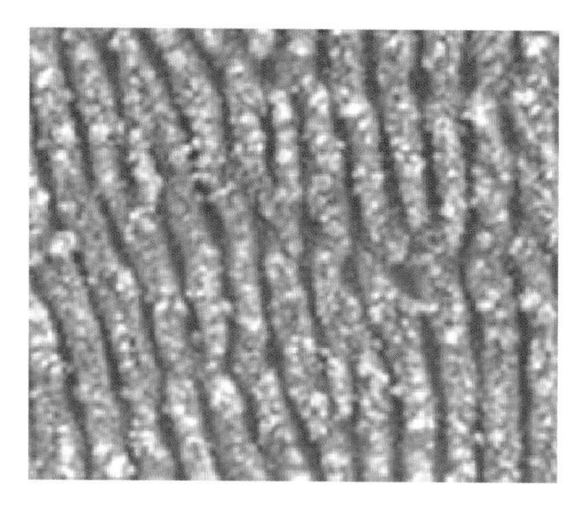

图 3.11 不锈钢表面上的微纳结构

图片来源：中国科学技术大学褚家如研究组。

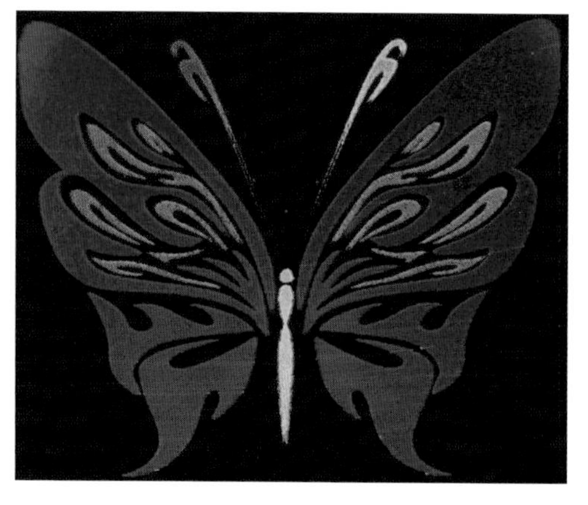

图 3.12 变换观察角度，蝴蝶会呈现不同的颜色

图片来源：中国科学技术大学褚家如研究组。

在白光的照射下，由于光的衍射效应，会出现结构色，呈现绚丽的色彩。其表面的实际结构如图 3.11 所示。

结构色具有方向性的特点，在不同的角度可以看到不一样的蝴蝶，如图 3.12 所示。

通过对微结构呈色机制的深入研究，结合对液滴沉积形貌的精确控制，科学家们研制了一种利用透明高分子墨水打印全彩结构色图像的方法。彩色印刷不再需要不同的墨水来呈现不同的颜色，仅利用一种透明的墨水，通过精确调控打印基材的结构与墨滴的尺寸，实现了全色系彩色像素点的精准制备与调控，可以应用在彩色印刷、显示、防伪、以及高灵敏传感等领域。

4 隐形的字

蓝闪蝶挥动翅膀时发出一闪一闪的光并不只是为了好看，更是为了躲避捕猎者。因为在捕猎者眼中，它一会儿出现，一会儿又消失，所以难以跟踪。同样的原理，我们也可以利用结构光的方向性特点，在物体表面通过控制加工，使其呈现想要显示的图案，如图 3.13 所示。通过在表面加工不同方向的光栅，从不同的角度观察，同一个区域会显示出不同的字来。

图 3.13 观察角度不同，显示不同

图片来源：中国科学技术大学褚家如研究组。

这几个字母与数字其实是重叠写在同一块高 6 毫米、宽 5 毫米的区域上。当白光照射在上边时，如图 3.14 所示，如果照明光在 180 度位置，在 0 度位置观察就会看见字母 U，而转到 90 度位置则会看见数字 8。如果我们变换观察的角度，就会看到不同的字母或数字在不停地变换，就像蝴蝶的翅膀在阳光下变换着光泽。

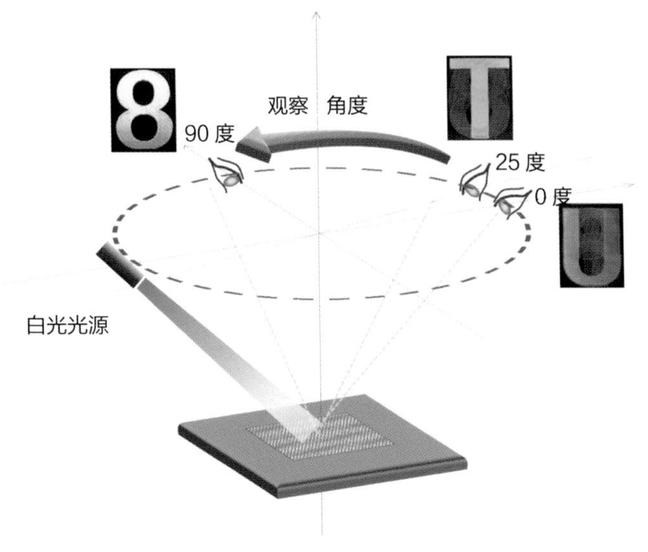

图 3.14　微纳加工的结构色表面根据观察角度的不同会呈现出不同的字

5 超黑材料

除了各种绚烂的颜色，黑色也是普遍存在的，在温度调节和颜色对比中起着重要的作用。前文说过彩色的蝶翅是因为翅膀鳞片上的微结构通过对太阳光的衍射以及对特定波长（颜色）光的定向反射形成的，那么黑色又是怎么回事呢？

我们首先要说明什么是黑色，黑色是一种颜色吗？对于这个问题，不同的人会给出不同的答案。对于艺术家来说，黑色是一种颜色，并且是一种有着丰富内涵的颜色。如果你去问一位物理学家，他很可能会告诉你黑色不是一种颜色，是完全不透光或者完全不反射光的结果。所以从科学的角度来看，黑色的定义应该是缺乏光，或者应该称它为无色。我们所感知的黑色，实际是因为我们的眼睛没有接收到任何可见光，并不是一种真正的颜色，可以说是一种非常暗的色调。当然在日常生活中，我们一般认为黑色是一种颜色，但是和一般的红色或黄色不同，它是一种明暗的对比，黑色是最暗的颜色。

生活中黑色的东西很常见，如黑色的衣服、黑色的塑料盒等。大家在学校可能都做过这个实验：分别在一块黑色和白色的布上放一块冰，放在太阳下，黑色布上的冰块会融化得更快。这是因为黑布上的黑色染料是一种高吸收率的颗粒，由于材料的特性，会吸收照射在其上的大部分光。但是蝴蝶翅膀上的黑色鳞片和其他彩色的鳞片的材料是没有区别的，它所呈现出来的黑色也是由于它的独特的微细结构使得它对所有可见光的反射率都降到了最低。这里我们要先介绍一下光的反射、透射和吸收。

光的反射是一种常见的光学现象。如图 3.15 所示，光线从介质 1 传播到介质 2 时，只有一部分光会进入介质 2，而另一部分光会在两种介质的分界面上改变方向，回到介质 1 中。进入介质 2 的现象就是光的透射或吸

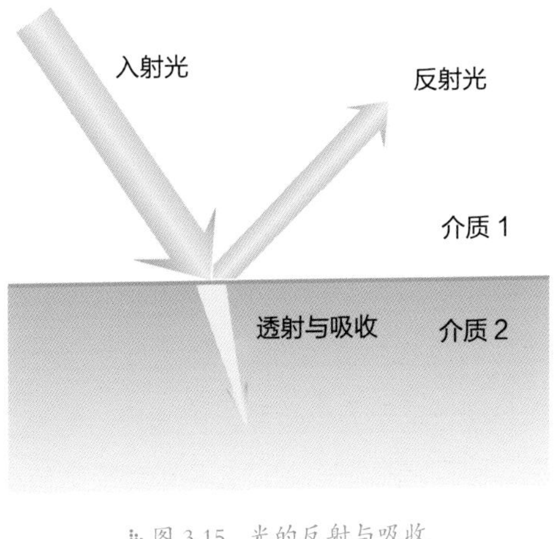

图 3.15　光的反射与吸收

收，而返回介质 1 继续传播的现象就是光的反射。如果介质 1 是空气或者真空，反射光的强度与入射光的强度之间的比值就是介质 2 的反射率。

海水的反射率仅为 5% 左右，而雪的反射率高达 80%，并且同样的表面，反射率随入射的角度是变化的。一般来说，垂直入射的时候反射率最小，而入射角越大，反射率越高。我们上课用的黑板也会反射一些光。就算是黑黑的煤炭，在一定角度下都会显示出一种金属光泽（图 3.16），也就是通常形容的黑得发亮。

图 3.16 煤炭

注：黑色的煤块在某些角度具有相当高的反射率。

在生活中我们接触到的物体，就算是黑色的，也具有一定的反射率。但是，有一些蝴蝶会利用翅膀上超级黑的区域把彩色的斑块衬托得更加鲜艳夺目，如红带袖蝶（图 3.17）。这些黑色的区域是如此黑，以至于我们的眼睛很难捕捉到其上的任何细节，它对光线的反射率只有百分之零点几。在动物界把这种黑做到极致的应该就是分布在巴布亚新几内亚地区的天堂鸟了，天堂鸟的雄鸟拥有着神奇的黑色羽毛，黑得就像一个黑洞一样，以至我们的眼睛都无法在它的表面聚焦。

图 3.17　红带袖蝶

注：黑色的背景把红色的花纹衬托得更加鲜艳夺目。

有些科学家对这种超黑的羽毛进行了研究，发现它的反射率低至 0.3%，光线照射在上边，超过 99.6% 的光都被它吸收了。科学家通过进一步的观察研究，揭示了天堂鸟雄鸟的羽毛如此黑的秘密就在于其独特的微结构上。一般的黑色羽毛如图 3.18（a）所示，它的每一个小羽支是比较平整的。在放大镜下看，像鱼骨一样又分出很多小枝干[图 3.18（b）]。每一个小枝干的直径为 10~20 微米，

（a）　　（b）

图 3.18　羽毛及其小羽支

枝干之间的距离为 50~100 微米。超黑的羽毛则具有更精细的结构。它的小羽支上分出的小枝干会更密，并且又进一步分出更小的分支。最小的分支直径只有几微米，并且分支之间的间隙也只有 10 微米左右。它的形状更像密密麻麻的松针（图 3.19）。

图 3.19 松针

因为超黑羽毛上的细小分支之间只有不到 10 微米的空隙，当光照射在上边时，就会在这些小枝丫之间来回反射。由于小枝丫之间的距离非常小，因此每一次反射的光在传播出这个空隙之前就又会碰到一个小尖刺，被再一次反射。就像掉进了一个细长、内表面凹凸不平的玻璃瓶子里的乒乓球，只能在瓶子里弹来弹去，几乎不可能再从瓶口跑出来了，如图 3.20 所示。光线在这些微结构上每一次反射都会有一部分被吸收。这样经过很多很多次的反射吸收后，最终入射的光线就几乎完全被吸收了。这些羽毛上的小枝丫形成的孔隙就好像一个个深深的陷阱，光线一旦进入里边就再也跑不出去了，因此形成了超低的反射率。

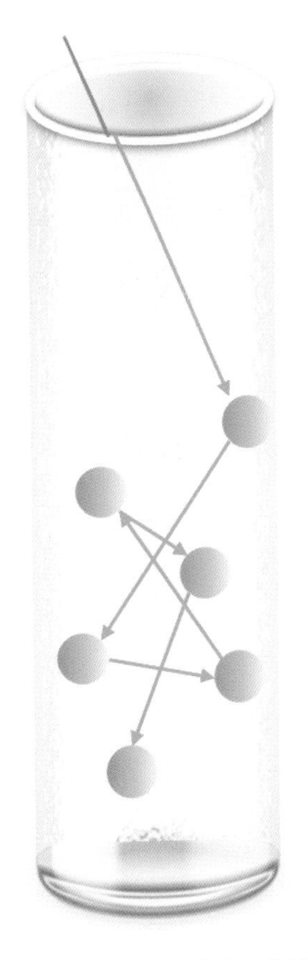

图 3.20　乒乓球在细长的瓶子里弹射

美国科学家根据这一原理，让垂直排列的碳纳米管阵列生长在处理过的铝箔表面，得到了超黑材料，取名为梵塔黑。当用 663 纳米波长的入射光照射时，能吸收 99.965% 的光，远超出传统黑色材料最高 90% 的吸收率。这么高的吸收率正是由于其独特的结构让入射光在微观结构间来回反射，最终几乎被完全吸收。这种极致黑带来奇特的视觉体验，促使英国的一位雕刻家买断了梵塔黑涂层材料在艺术品上的使用权，他认为这种黑色能够让人丧失对方位、身份和时间的感知。

中国科学家把黑色的铁粉混合在透明的高聚物里，经过特殊的工艺，制成竖直排列的一排排几十微米大小的柱子，柱子的顶端较尖，然后经过一系列的处理，柱子的表面变得粗糙，就像一个个细长的石笋（图 3.21）。和天堂鸟的超黑羽毛一样，这些小柱子以及它们粗糙的表面形成了一个个光的陷阱，加上里面铁粉颗粒的高吸收率、低反射率，就形成了性能优异的超黑材料（图 3.22），甚至比天堂鸟的羽毛还要黑，吸收率超过 99.8%。

图 3.21 微纳米复合超黑材料微观形貌图

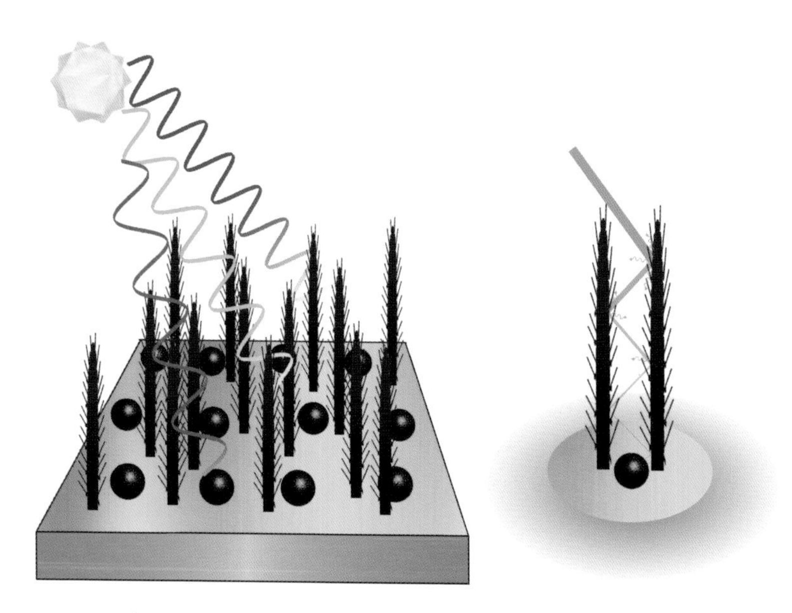

图 3.22 微纳米复合超黑涂层材料的全波段吸光机理示意图

将超黑材料和黑漆颜料涂到一个物体表面（图 3.23）。从正面看，超黑材料覆盖的物体就好像隐身了一样；只有从侧面看，才能看出它的轮廓。如果在其表面撒上金粉，普通黑色物质会呈现金色，而超黑材料依然呈现黑色。

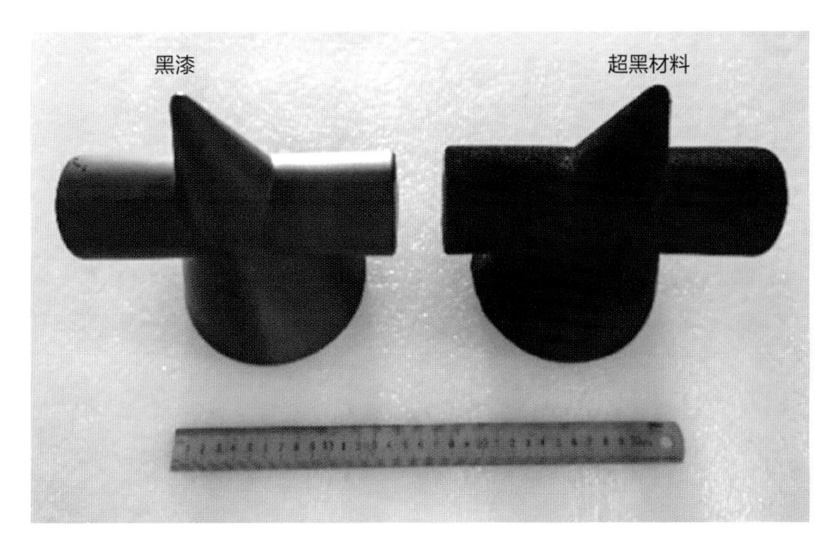

图 3.23　黑漆与超黑材料对比

与梵塔黑相比，这种超黑材料不仅仅对可见光有极高的吸收率，在紫外—可见—近红外很宽的光谱范围里吸收率都高达 99.6%，超过国际同类技术。更重要的是，这种材料已可以实现工程化制备，并且满足空间极端环境需求，已经应用到太空中了。2021 年 4 月 9 日成功发射升空的试验六号 03 卫星和 2021 年 11 月 5 日发射的可持续发展科学卫星 1 号所用的微光相机，其光学系统的遮光板表面采用了超黑材料涂层（图 3.24），有效抑制了太阳光及地气光等杂散光的影响，使光学系统探测暗弱目标的能力和精度都得到提高。纳米复合超黑涂层材料在暗弱目标探测、星际导航、红外隐身等领域具有广阔的应用前景。

图 3.24 超黑材料的工程应用

图片来源：中国科学技术大学张忠研究组。

从色彩斑斓到隐形再到神秘的极致黑，生物向我们展示了它们操控光线的秘密，我们也将根据这些原理对材料进行设计，以期发挥出更大的功效！

第4讲

晶莹剔透的露珠
——界面仿生

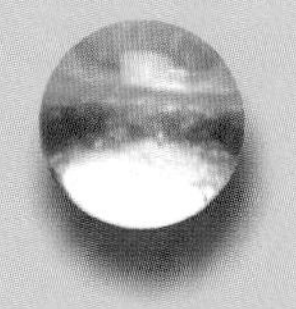

许多人记忆中的夏天一定都有满塘碧绿的荷叶和随风摆动的娇媚的荷花。北宋著名文学家周敦颐的《爱莲说》中的名句“出淤泥而不染，濯清涟而不妖”更是形象地描绘出了荷花亭亭玉立的风姿（图 4.1）。但是大家有没有想过为什么荷叶会出淤泥而不染呢?

图 4.1　出淤泥而不染的荷叶

我们都看过晶莹的露珠在荷叶上滚来滚去。这都是因为荷叶上的特殊结构使得水在荷叶上不会像洒在桌面上一样晕开一片，而是会团聚成一个个小球。水里的泥沙、脏东西也被裹在这一个个小水珠中，当荷叶随风摆动的时候，它们就一起随着小水珠滚落了，而荷叶却能够继续干净美丽地挺立在泥塘中（图 4.2）。

图 4.2　水在荷叶上形成球形的小水珠

1 露珠里的学问

为什么露珠在荷叶的表面会形成圆溜溜的水珠，而洒在桌面上就会摊开呢？这都是表面张力的作用。那么表面张力是什么呢？

我们在池塘边玩耍的时候，都看到过在水面上如履平地的水蜘蛛（图4.3）。它的学名叫水黾，是真正的水上漂。当它细细的腿踩在水面上时，水面看起来就像一层连续的薄膜一样。这层薄膜里的拉力就是表面张力。液体分子相互之间是具有一定的作用力的。这个作用力比气体状态时大，比固体状态时小。在液体的内部，因为在各个方向上都有相邻的分子，这些力是可以互相抵消的，也就是液体内部

图4.3 水黾利用表面张力在水面上自如的运动、滑行

的分子受力平衡。但是对于液体表面的分子，其内侧是液体内部分子，另一侧是空气分子。水分子之间的吸引力要远远大于空气分子对水表面分子的吸引力，而空气分子的密度要比液体内分子的密度低得多，因此空气分子对其的作用力也小很多。这样液体表面分子受力不平衡，表面就会发生变形（图 4.4）。液体表面分子发生变形而产生的这种拉紧的力，就称为表面张力。

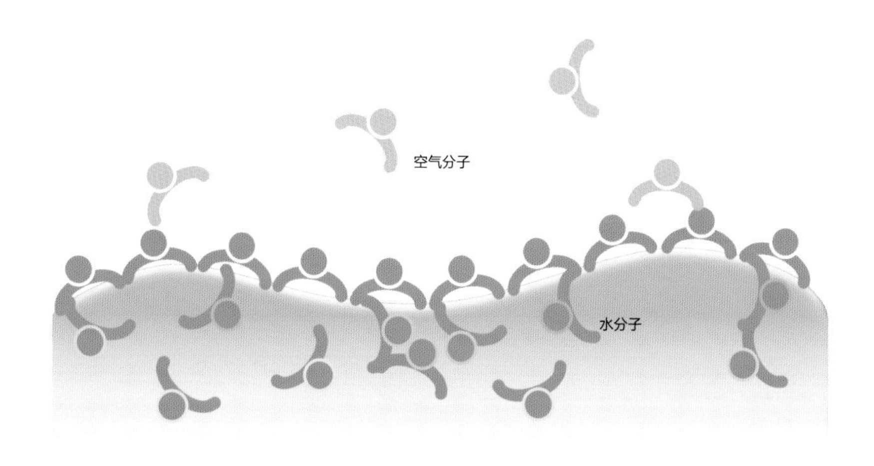

图 4.4　表面张力示意图

液体表面分子组成了薄膜，在表面张力作用下，会有绷紧的趋势，这种趋势使薄膜的表面积尽可能地减小。在空气或真空中的小液滴总形成球状，这是因为当忽略重力的作用时，液滴在各个方向上受力是均匀的，而当体积一定时，在各类几何体中，球的表面积最小。就像小朋友手拉手站成一个圈时，如果大家都拉紧就会形成一个圆圈（图 4.5）。因此，独立暴露在空气中的液滴会自然形成一个球形液滴。

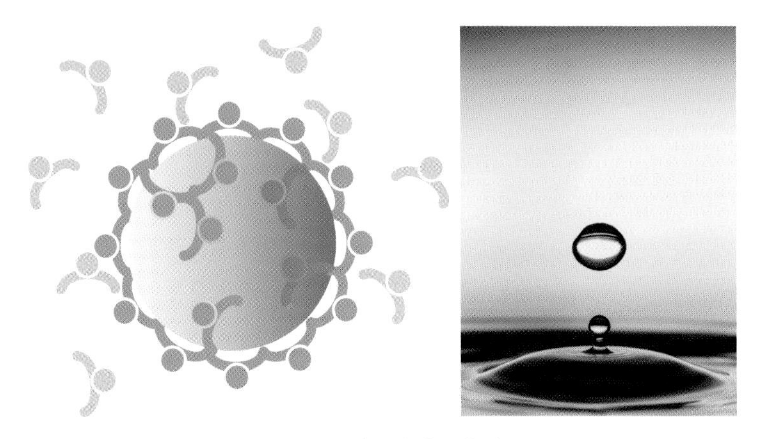

图 4.5　球形液滴形式图

2 亲水与疏水表面

当一个液滴在固体的表面上，比如桌面或者玻璃窗上，是什么决定了液滴的形状呢？液滴的表面一面接触的是空气，而另一面接触的是固体。固体分子和液体分子之间的作用力决定了液滴在固体表面的形状。如果这个作用力大于液体内部分子之间的作用力，也就是固体分子会不断把液体分子向自己的方向拉，最终液滴会在固体表面铺开。液滴在表面铺开的程度用液面与固体表面所形成的夹角来衡量，此夹角叫作某种液体在某种固体上的接触角。接触角与液体及固体的性质都有关。例如，水在普通玻璃表面的接触角在 40 度左右，而在石蜡表面的接触角却大于 105 度。同样在玻璃表面，水银则会团聚成球。这都是因为不同液体在不同表面上的浸润性不同。如果液体是水，根据接触角的大小，也就是浸润性的不同，固体的表面分为超疏水、疏水、亲水、超亲水表面。如图 4.6 所示，接触角小于 90 度的是亲水表面，大于 90 度的是疏水表面，当接触角大于 150 度时，我们就把这种表面叫作超疏水表面，而把接触角小于 10 度的表面叫作超亲水表面。

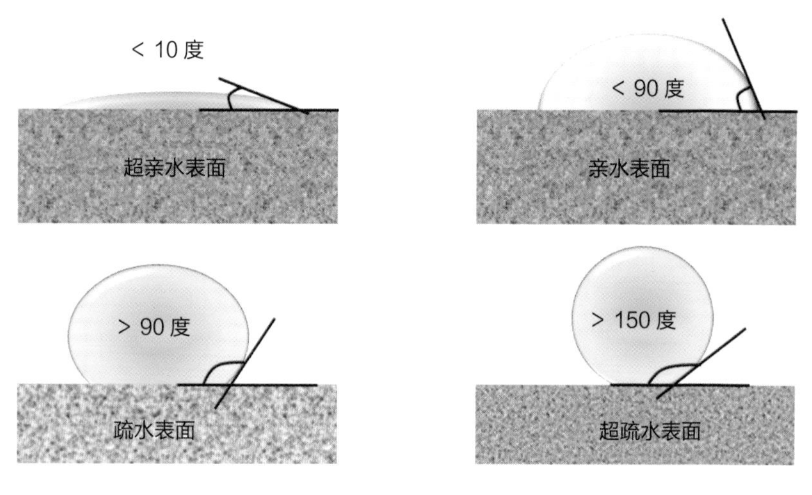

图 4.6　表面的亲 / 疏水性质具体表现为水滴在表面的接触角大小

大家如果观察过雨水打在玻璃窗上，会发现雨水顺着玻璃表面流下来时，会留下不规则水印，这说明玻璃是亲水的表面。而水能在荷叶上形成圆圆的露珠，说明荷叶是一种超疏水表面。但是我们在一般植物的叶子上也可以看到不是球形的露珠。为什么同样都是植物叶片，绣球花的叶子是亲水的（图 4.7），而荷叶就是超疏水的呢？

图 4.7 绣球花的叶子表面是亲水的

因为除了物体表面的化学性质，物体表面的形貌也会影响它的亲疏水特性。当物体表面布满了小凸起的时候，会使物体表面与水接触的面积大大缩小。所以尽管固体分子与水分子之间的作用力比较大，但是实际可以形成作用力的分子数量很少。因此，它们最终形成的合力小于液滴内部水分子之间的作用力，液滴就会团聚成球，那么物体的表面就是超疏水表面了（图 4.8）。荷叶的超疏水表面就说明了这个原理。如果摸一摸荷叶的表面，会觉得毛绒绒的，这是因为其表面布满了绒毛状的小颗粒。这些小颗粒就像一颗颗小草莓分布在荷叶的表面上，这些小草莓的大小为 10~20 微米，同时在每一颗小草莓上还有几百纳米的小凸起。由于这些小草莓的存在，水滴落在上面不会像洒在桌面上一样流开，而是会在表面张力的作用下形成球状的水珠。

物体表面的特殊微纳结构可以减小固体分子与液体分子之间的作用力，使表面呈现出超疏水特性。这种超疏水特性使得物体表面具有自清洁的功能，这就是荷叶出淤泥而不染的秘密。

图 4.8 超疏水表面原理示意图

③ 自清洁表面

在亲水表面上，比如玻璃表面，水滴会在表面铺开（图 4.9）。当表面倾斜一个角度时，水会顺着表面滑下来。水和物体表面的摩擦力会使滑过的地方形成一道水痕，灰尘颗粒也随即留在表面，从而留下一道污渍。例如，我们平时看见雨水打在窗玻璃上，并不会起到清洗玻璃的效果，而是会留下一道道痕迹（图 4.10）。

图 4.9　亲水物质表面

图 4.10　雨水在玻璃窗上留下一道道痕迹

然而在超疏水表面上，水滴会形成一个个小水珠（图 4.11）。这些水珠会把灰尘包裹起来。当表面倾斜一个角度时，这些小水珠就像一个个小球一样滚落，而不会像在亲水表面上那样拖动。这样就可以顺利地把灰尘带走，给我们留下一个清洁的表面。

图 4.11　疏水物质表面

人们知道了超疏水表面自清洁的秘密，立刻就想到：如果我们的衣服、鞋子也可以模仿荷叶的表面结构，不就再也不会脏了吗？妈妈们就不会总是抱怨我们把衣服、鞋子穿得那么脏啦！

通过先进的微加工方法，我们在材料表面做出像荷叶那样的绒毛状突起，就可以把原本亲水的表面变成超疏水的表面。利用微加工技术制造微小绒毛结构（图 4.12），就可以使亲水的不锈钢表面变成超疏水表面。在一般的不锈钢表面上洒上水，由于不锈钢表面的亲水性，水会在其表面形成不规则形状的水滴（图 4.13）。但是当我们把水洒在具

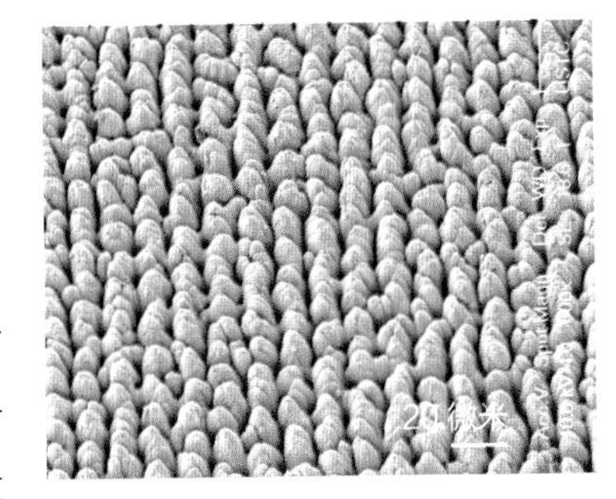

图 4.12　利用微纳加工方法在不锈钢表面制造的微绒毛结构

图片来源：中国科学技术大学褚家如研究组。

有小绒毛结构的不锈钢表面（图 4.14 的深灰色区域）上时，水就团聚成一个个晶莹的小球了。

图 4.13 水在不锈钢表面上形成不规则的水滴

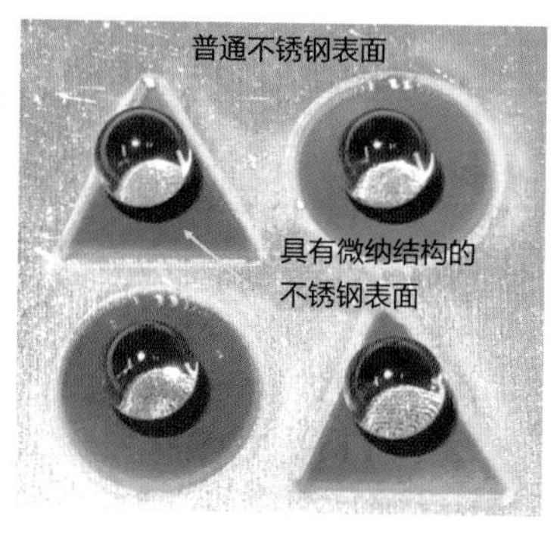

图 4.14 经过微纳加工的不锈钢表面，微纳结构使液滴团聚成球

图片来源：中国科学技术大学褚家如研究组。

表面的亲水 - 疏水特性归根结底是由固体表面分子与水分子之间的作用力决定的。表面的微结构使表面总体作用于水分子的力变小，但是若固体表面分子与水分子有比较强的结合力，就可以克服水滴内部分子的作用力使水在表面铺开，从而形成超亲水的表面。图 4.15 中是具有类似图 4.12 中微结构的氧化钛（TiO_2）材料。氧化钛本身是一种亲水材料，而表面的微结构使得它具有一定的疏水性。把这种材料加热到 200 摄氏度，表面的钛离子（Ti^{+n}）会和空气里的氧气发生反应，从而在表面形成一个氧离子层。氧离子的存在进一步减弱了氧化钛与水分子的结合力，在表面微结构的帮助下，呈现出超疏水的特性——水滴团聚成一个圆球。然而如果我们再用紫外光照射到这个表面，紫外光会赶走表面的氧离子，并且促使空气中的水蒸气与表面发生反应，这时候会在表面形成一个氢氧根

（OH^-）组成的离子膜。氢氧根与水分子有很强的吸附力，超过了水分子之间的作用力，因此尽管有表面微结构的存在，表面还是呈现了超亲水的特性——水滴迅速在表面铺开。如果再一次加热，它又会变回超疏水性质。所以通过加热或紫外光照射，可以使这种材料在超疏水和超亲水之间自如地转换。

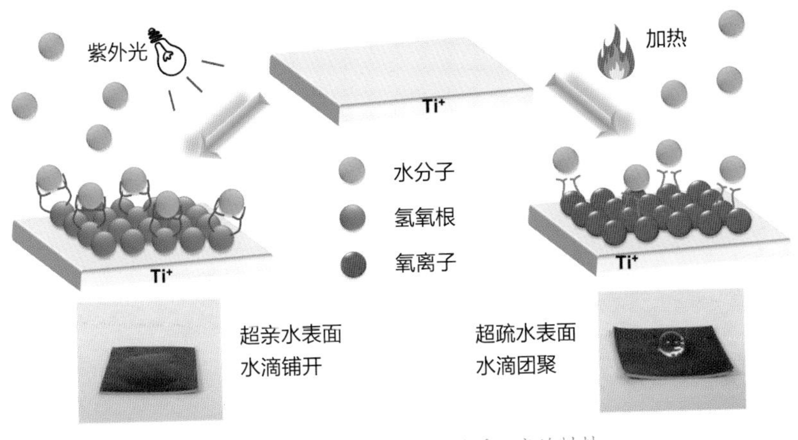

图 4.15　亲／疏水性质可变的材料

图片来源：中国科学技术大学褚家如研究组。

除了利用微纳加工的方法得到表面的微结构，还可以通过在树脂材料中掺入纳米颗粒的方法在表面形成凸起的微纳结构。图 4.16 就是在硅橡胶中加入层状复合金属氢氧化物纳米颗粒，经过表面处理使纳米颗粒均匀地分布在硅橡胶基底中。它可以作为涂层材料涂在我们需要保护的表面

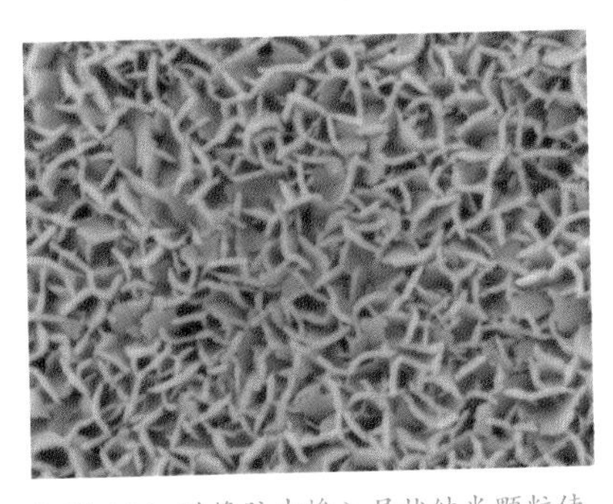

图 4.16　硅橡胶中掺入层状纳米颗粒使表面具有微结构

图片来源：中国科学技术大学张忠研究组。

图 4.17 在高压线塔上应用纳米涂层材料

图片来源：中国科学技术大学张忠研究组。

上，比如高压线塔（图 4.17）。当下雨或者露水凝结的时候，水在涂层材料表面形成的小水珠自动滚落（图 4.18），同时带走灰尘，就像荷叶一样，一直保持干燥与清洁。该涂层还可大幅度提高抗污闪电压和污秽条件下的击穿电压电力，而且在服役条件下能保持超疏水性超过 10 年，实现了产业化应用，获得了显著的社会效益和经济效益。值得一提的是，此项成果还入选了中华人民共和国成立 70 周年中国科学院创新成果展。

那么，如果把这种结构应用到纺织纤维上（图 4.19），

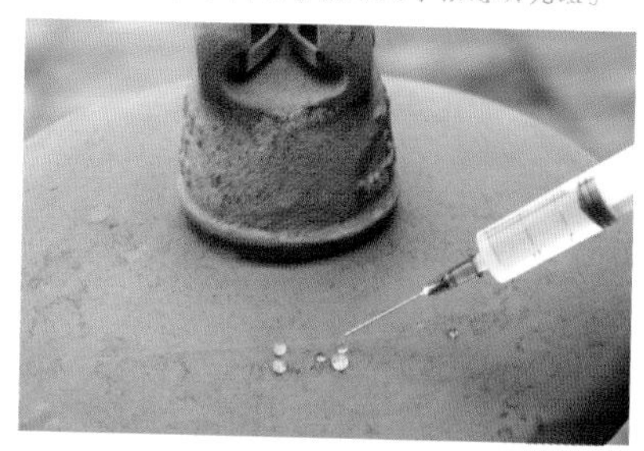

图 4.18 水在覆盖了纳米涂层的工业部件上团聚成球

图片来源：中国科学技术大学张忠研究组。

图 4.19 防水布料

水滴落在上面时不会渗下去，而是像在荷叶上一样形成一个个小水珠，当水珠滚落时，还会带走上面的污渍。这样的布料就可以做成一件既防水又防污的衣服啦！

我们还可以把这种结构做到船只表面。海洋中的船只有了防污衣，可以抑制细菌、藻类、藤壶、贝类等污损生物在船体表面附着和生长。数据显示，生物污损每年给全球海洋工业造成的损失超过 150 亿美元。人类开始航海后，就一直与海洋生物污损抗争。从公元前 200 年开始，砷、硫和汞等有毒物质用于船体表面防止海洋生物污损。在 20 世纪中叶，荷兰科学家发现了三丁基锡具有卓越的防污性能。然而三丁基锡对多种生物具有负面影响，从 2008 年起，就被禁止在船舶表面使用。之后，科学家们根据附着的生物种类、流速、表面形貌和其他因素，设计仿生微纳表面，研究和污损生物附着之间的相互关系，从而避免因船体表面恶化、螺旋桨损坏、阻力增加等导致的高油耗和过高的维护成本。

4 水分收集

荷叶利用叶面上的微纳米结构保持清洁干爽，有些植物还结合叶脉的走向达到收集水的作用（图 4.20）。

图 4.20 有水的叶片

这种功能在干旱的沙漠里尤其重要（图 4.21），而沙漠中的动物将这一点利用得更加完美。在非洲的纳米布沙漠，那里是地球上较为干燥的地方之一，常常终年没有降雨。但纳米布沙漠是邻海的沙漠，因此来自海上的雾霭会在夜间形成露水给在那里生活的各种生物提供水分。纳米布沙漠甲虫就会利用其翅膀上的微纳米结构收集空气中的水分（图 4.22），并汇集成水滴，从而在这较为干旱的地方生存下来。

图 4.21　干燥的沙漠

图 4.22　纳米布沙漠甲虫

纳米布沙漠甲虫的翅膀表面上有规则排列的一个个隆起的小疙瘩。这些小疙瘩的表面基本是平滑的，构成了超级亲水的表面。空气中的水分在夜晚、清晨温度较低的时候，会凝结在这些小疙瘩上并形成一个个小水滴。而在这些小疙瘩的下边看似比较平滑的斜坡和低谷中，其实密密地排列着几微米大小的小突起，使得这些区域形成了超疏水的沟槽。水珠在亲水的隆起上凝结，顺着疏水的沟槽流到甲虫的嘴巴里，这样甲虫就顺利地喝到了宝贵的水，而且一点儿也不会浪费。这就是被称为“百战天龙”的纳米布沙漠甲虫的生存秘密。

受到沙漠甲虫的启发，科研人员利用亲水 / 疏水表面相结合的技术，研制出了可以自动收集空气中的水分的高效集水表面，如图

4.23所示。首先，利用微纳加工方法在硅基底上做出密密排列的纳米线（即图中绿色的纳米草坪），就像小甲虫翅膀上的斜坡和低谷部分，形成疏水的通道；接着，在这个纳米草坪上制备一个个直径为10微米左右的小柱子，就形成了一个个亲水的小岛。水珠在小岛的表面凝结，当水珠足够大的时候，在重力的作用下会掉落在下边的由纳米草坪形成的超疏水通道上并被及时运输收集起来，同时新的水珠在小岛上不断形成。通过这样的设计，就可以制造出会自动收集空气中的水的装置，给我们源源不断地提供水。装置显微图片见图4.24。

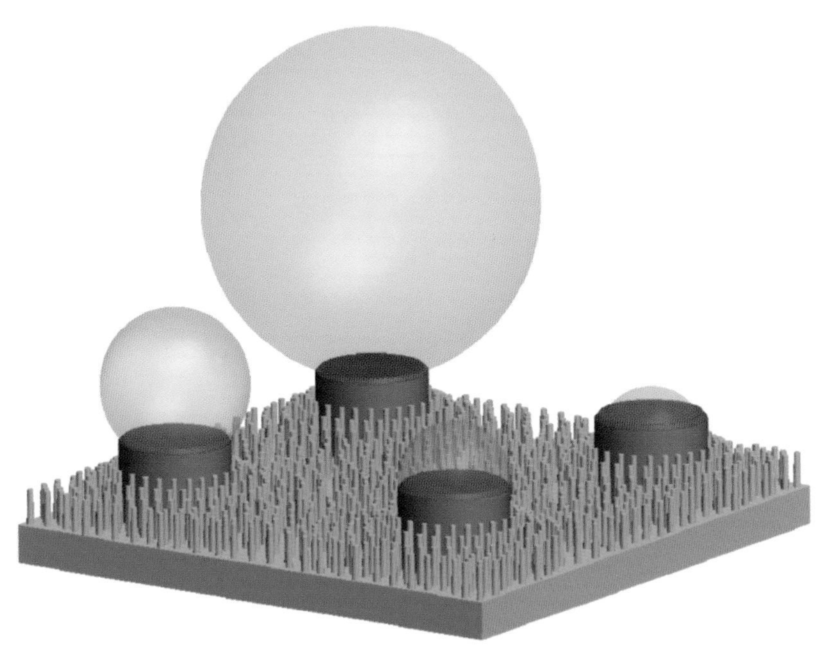

图4.23 高效集水表面

图片来源：香港城市大学王钻开教授研究组。

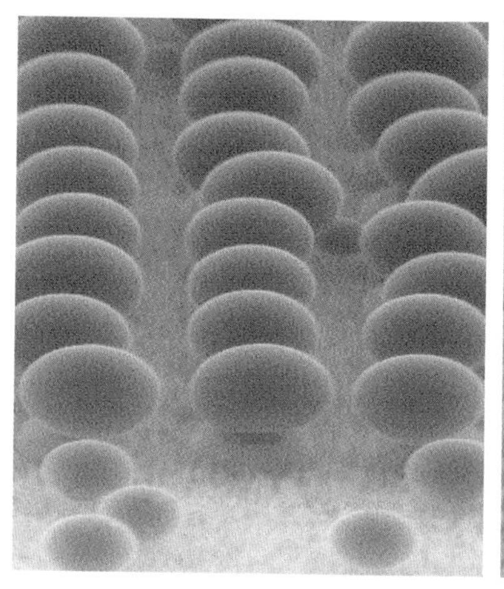

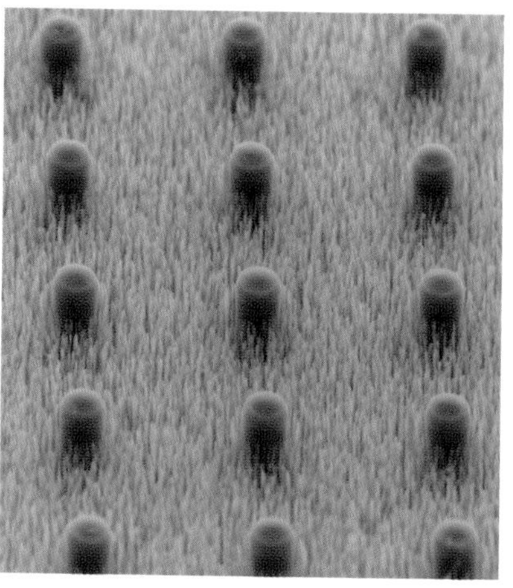

图 4.24 利用微纳制造技术制备的亲水小岛（左）和超疏水纳米草坪（右）

图片来源：香港城市大学王钻开教授研究组。

5 防冰除冰

露结为霜，水凝成冰，是一种自然现象。在中国文化中，我们常常以冰表示高洁的品质。然而冰雪也会带来严重的灾害，2008 年中国南方的大范围雪灾，数百人死亡和高达千亿的经济损失让我们痛心。发生航空航天事故常见的原因之一就是飞行器的某些部位表面结冰，严重时甚至造成机毁人亡的惨剧。大量的设备在高原冻土环境下使用寿命降低、风险增大，远距离输电线路覆冰会增加线路的负载，道路结冰会影响交通，那么如何才能降低结冰引起的灾害呢？

自然界中存在许多疏水表面，如荷叶表面和昆虫的翅膀，在这些表面水滴具有非常大的接触角，此时同等体积下的液滴与固体表面的接触面积更小。此外，水滴在超疏水表面会更倾向于滑动和反弹，这些特性可以使水滴在电线、飞机或其他设备表面凝结成冰之前就被除去，从而达到防冰除冰的效果。

研究者将铝处理后得到具有微纳结构的表面，结合表面涂覆制备出接触角大于 150 度的超疏水表面（图 4.25）。和普通铝片相比，在相同低温环境下，疏水表面结霜薄且疏松，很容易清除（图 4.26）。

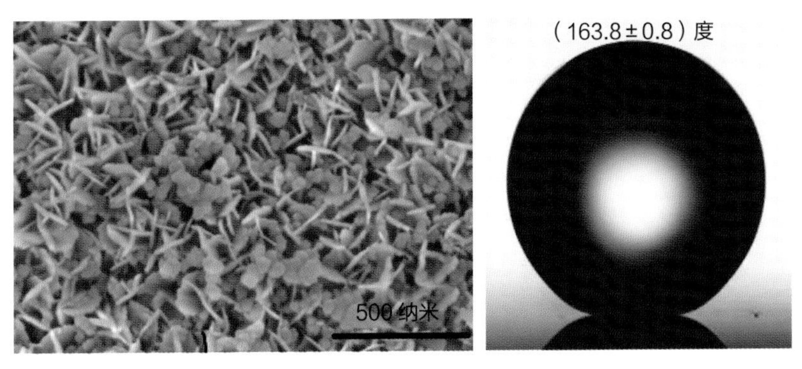

图 4.25 具有微纳结构的疏水铝片表面（左）和接触角测试（右）

图片来源：中国科学技术大学辜萍研究组。

图 4.26 具有微纳结构的疏水铝片表面与普通铝表面相比更不容易结霜

“谢绝雨露多魅惑，婉辞流波一点滴。取舍有度附纤尘，吐纳无妨清微粒。”青居士子笔下的荷叶有着美好的品质。科学家细观其特点，将其造福于社会，这多么有意义啊。孩子们，期待你们的加入！

后记

从结构尺度概念上看，生物体都是从原子结构到微观结构再组成宏观结构，分析其本领后面的结构和本领产生的机制，我们可以针对某一结构或功能进行仿生。

然而，科学家也明白，生物体的这些结构都是在相对温和的条件下形成的。相比之下，仿生材料与结构的制备则需要高温高压的条件，甚至有着很繁琐的步骤。

处于宏观尺度的生物体，其结构是非常复杂的。即使是物理中最复杂的量子力学的世界，其构造也比一朵百合花要单纯！生命体内部各个尺度的联结更深，不同尺度会彼此沟通，主动组织形成生命体的内在结构。

仿生的无生命体在受到外界刺激时，所有尺度都会受到影响，比如受到拉伸时，无生命体形状改变，乃至断裂，从宏观尺度到微观尺度都受到影响。仿生学的进一步发展能否让无生命物质不同层次之间的联系加强，甚至形成主动回应，让我们继续探索吧！